宇宙時代がやってきた！

UFO情報
最新ファイル

HSエディターズ・グループ 編

『宇宙時代がやってきた！』 contents

Chapter 1
幸福の科学が突きとめたリアル宇宙情報

Chapter 2

“宇宙体験”映画「UFO学園の秘密」

Chapter 1

幸福の科学が突きとめた
リアル宇宙情報

message from *Master Ryuho Okawa*

「宇宙人と交流する時代」が近づいている

現在、宇宙から、数多くの宇宙人が
地球に飛来していますが、
彼らは、その姿をなかなか現そうとしません。
自分たちの乗り物の一部を見せても、
すぐに消えてしまいます。
これが意味していることは何でしょうか。
「彼らは、地球の文明に
直接的な関与をしないようにしている」

ということは事実でしょうが、
一方で、「姿を現したくても、まだその時が来ていない」
ということも事実であろうと思うのです。

実際に、いろいろな宇宙人が地球に来ていますが、
ハリウッド映画等で描かれているような、
「宇宙人による地球侵略」というようなことばかりが
起きるわけではありません。
もし、そういう宇宙人ばかりならば、
地球侵略は、とっくに始まっているはずです。

message from *Master Ryuho Okawa*

彼らは、そういう目で地球を見ているわけではなく、
「地球において、今、この時代まで生き延びてきた人類と、
宇宙の仲間たちとは同根である」ということを知っています。

そのため、彼らは、「この地球独自の文明が、
今後どのように発達し、発展していくのだろうか」
「自らのかつての同胞たちが、この地球において、
どのような文明をつくっていくのだろうか」
と思いながら、地球を見守り、

交流してもよい時期が来るのをじっと待っているのです。
したがって、私は、「宇宙人と交流する前提として、
人々に知識を与えなければならない」
「日本人のみならず、世界の人々に、本当の知識、すなわち、
真実を教えなければならない」と思っています。
私たちは、真実に基づいて、「どう判断し、どう行動すべきか」
ということを考えねばならないのです。
そうした共通知識ができて初めて、宇宙との交流が始まります。
時代としては近づいています。

「『不滅の法』講義」より

200種類以上の宇宙人を特定!?

おそるべき大川隆法総裁の遠隔透視能力!!

大川隆法総裁は、*六大神通力《ろくだいじんつうりき》と呼ばれる高度な霊能力を駆使して、地球に来ている宇宙人を次々と特定している。地球と同じ太陽系の火星や金星の宇宙人だけではなく、蟹座のドラゴン星人、琴座のエガシー星人など、その数は200以上にのぼる。

月の裏側を遠隔透視する大川隆法総裁。

霊体の一部を飛ばして、現地の様子を見る。

月の裏側には宇宙人の基地がある

左頁の写真を見てほしい。矢印のところに人工構造物らしきものがある。この種の写真が数多く報告されていることから、月の裏には宇宙人の基地があるのではないかと囁《ささや》かれてきた。

そこで2013年3月12日、大川隆法総裁はその真偽を探るべく、「モスクワの海」と、ほかにも怪しいとされる「ツィオルコフスキー・クレーター」を遠隔透視した。

左頁の写真を見ると、後者のクレーターの真ん中に山があるようだが、透視すると、巨大な円盤のようなものが斜めに刺さっているのが見えるという(想像図A)。円盤の中に入り、らせん状の通路を抜けて司令塔に出ると、「黒ヤギ型の宇宙人」が出てきた(想像図B)。テレパシー能力を使って対話を試みると、この宇宙

＊六大神通力とは、天眼(霊視能力)、天耳(霊の声が聞ける能力)、他心(マインド・リーディング)、宿命(他人の運命が分かる能力)、神足(幽体離脱)、漏尽(煩悩を滅尽する能力)の六つの霊能力。

月の裏側

THE DARK SIDE OF THE MOON

写真

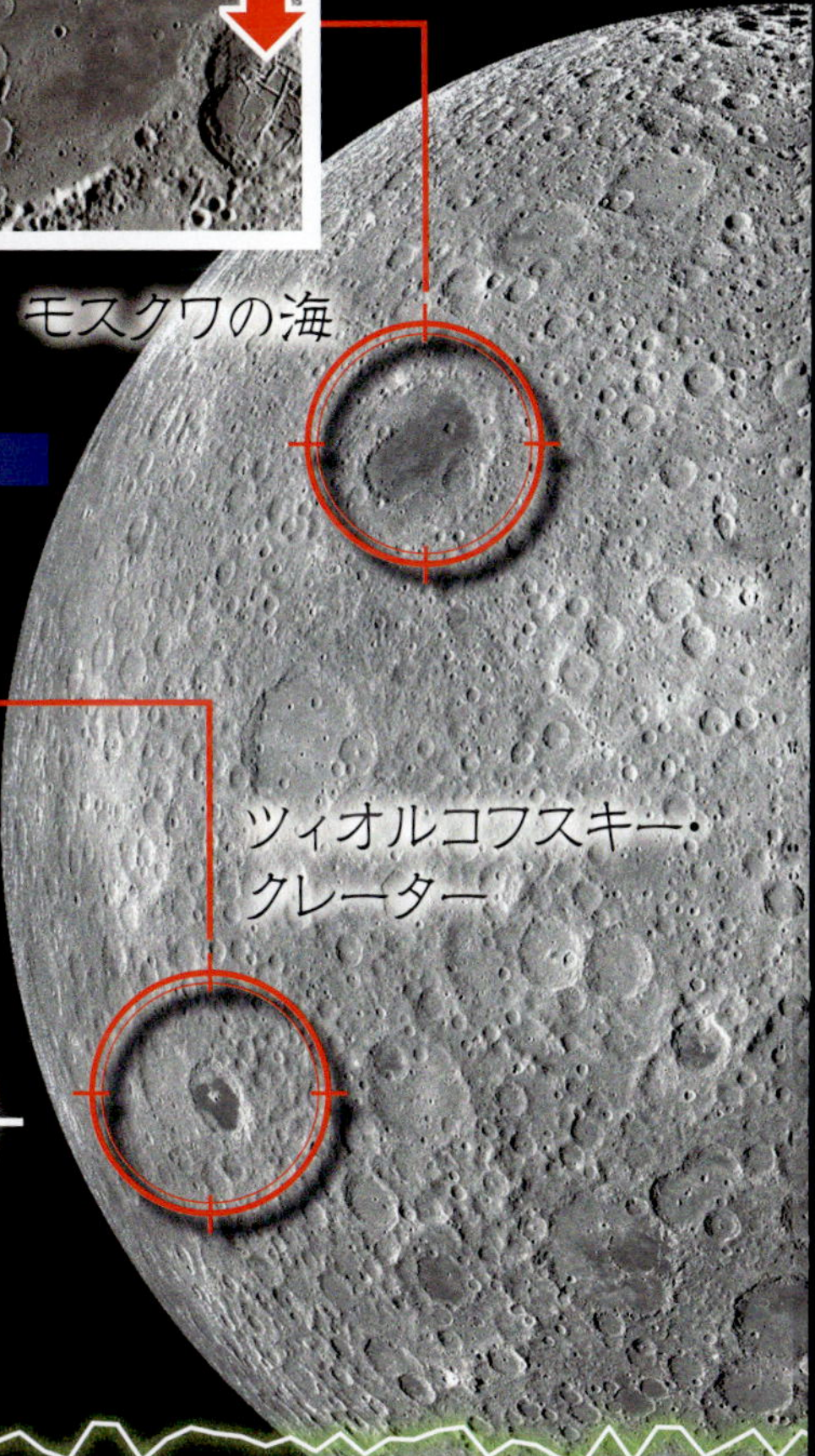

透視で見えたもの

想像図A

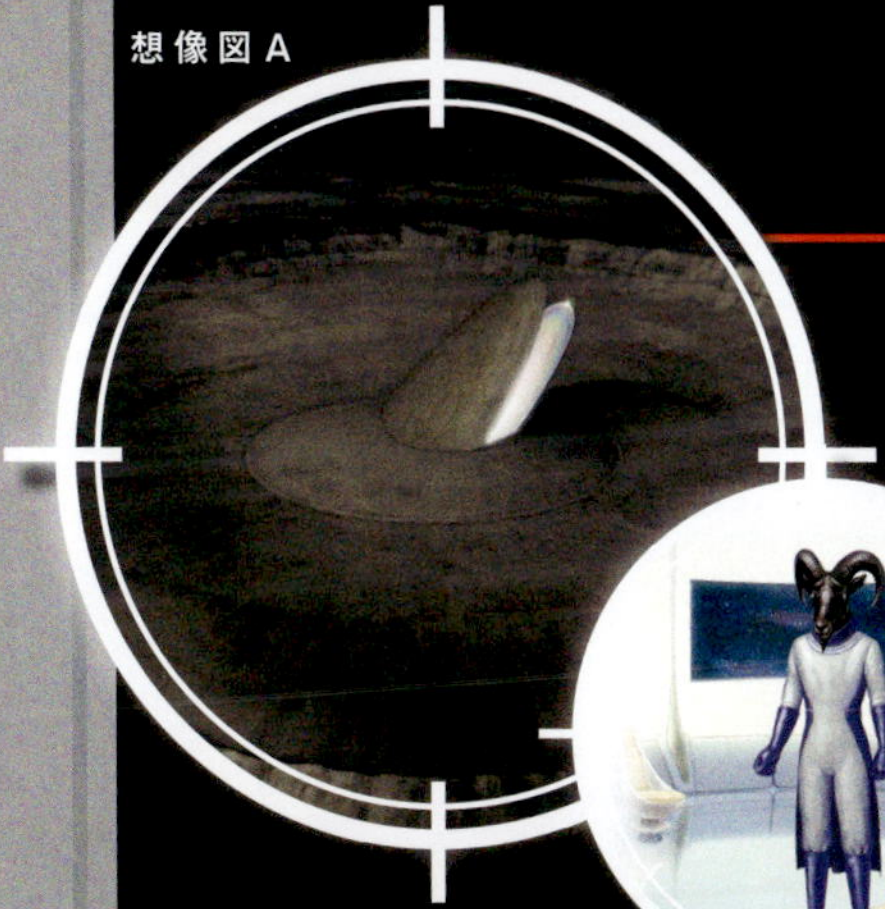

想像図B

人は、宇宙連合*の一員らしいことが分かる。また、月には宇宙連合には属さない悪質な宇宙人の基地もあると語った。

そこで付近を探索すると、乗り物に乗って月面をライダーのように走行する「レプタリアン（爬虫類型宇宙人）」を発見。その宇宙人は、アポロ計画が突然中止になった驚愕の理由を明かした。宇宙飛行士は、月面で見てはいけないものを見たのだという。

さらに、モスクワの海周辺を透視すると、崖の奥に地下都市が広がり、そこに草食系の宇宙人がいることも判明した。

Source

『ダークサイド・ムーンの遠隔透視』

＊地球に友好的な宇宙人からなる連合。侵略的な宇宙人から地球を守っている。

フロリダ上空のUFO――そこに宇宙連合のトップがいた！

地球を守っているとされる「宇宙連合」。では、その指導者は、いったいどんな存在なのだろうか。大川隆法総裁は、2012年12月25日、その宇宙人とのコンタクトを試みている。

まず、地球圏外にある宇宙連合のUFO艦隊を捜索。1分ほどの探査のあと、アメリカのフロリダ上空に浮かぶ釣鐘状のUFOが特定された（想像図A）。NASAのケネディ宇宙センターでも観察しているのだろうか。

さらに遠隔透視を続け、UFO内部に侵入すると、司令室で女性の宇宙人が出てきた（想像図B）。「インカール」と名乗るこの人物が、宇宙連合のトップのようだ。大川隆法総裁は、この女性の姿を詳しく描写しているので、その部分を紹介しよう。

Source

『宇宙連合の指導者
インカール』

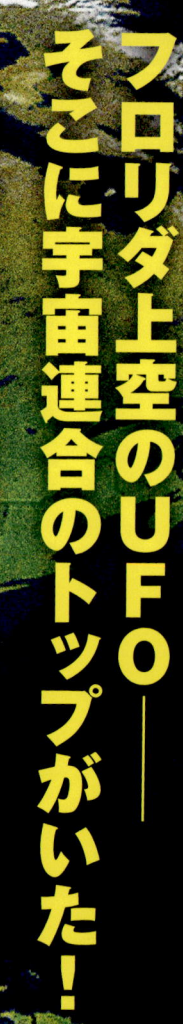

Remote Viewing

遠隔透視で
宇宙連合の指導者の姿を捉えた！

大川隆法　女性が出てきました。

『銀河鉄道９９９』の（登場人物である）メーテルのような感じですが、これは化けているのかなあ。ちょっと分からないんですが……。本当の姿かどうか、まだ定かではありませんが、あんな感じの、背の高い、髪の長い人です。

この髪は何だろう？　金……。やっぱり金髪かなあ。栗毛か金髪か、微妙だけれども、金髪に近いでしょうか。金髪に近い、メーテル型の人ですね。

頭にはロシアの帽子のようなものをかぶっています。コサックの帽子のようなものを金髪の上にかぶって、メーテル型の姿で、今、出てきています。メーテルによく似た感じです。背が高くて、髪が長く、目は大きくて切れ長で、顔は人間の顔に近い感じですね。

さらに遠隔透視を続けると、これは仮の姿であることが判明。このあと、驚くべき本当の姿が明らかになる。

想像図B

STATE OF NEVADA

Source

『ネバダ州米軍基地「エリア51」の遠隔透視』

アメリカと中国は、宇宙人の技術を持っている⁉

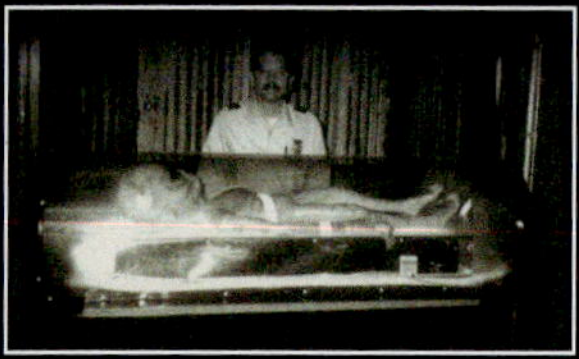

▲1947年、ニューメキシコ州ロズウェルでUFOが墜落。宇宙人の死骸、生き残った宇宙人、UFOの残骸が回収され、エリア51に収容されたと言われている。

▶ネバダ州にあるエリア51。正式名称はグレーム・レイク空軍基地。「ここでUFOや宇宙人を見た」と証言する人が後を絶たない。

宇宙人は、いくつかの国と接触し、秘密兵器を共同開発しているという噂がある。それがほんとうなら、地球の平和を揺るがしかねない、きわめて重要な問題だ。

真実を確かめるため、大川隆法総裁は2011年8月4日、アメリカの「エリア51」を、さらに2012年7月17日には、中国ゴビ砂漠の「謎の構造物」を遠隔透視した。すると、次のような驚愕の真実が明らかになった。

エリア51

■地上は普通の空軍基地だが、地下150メートルの所に大きな空間があり、そこに5種類の宇宙人がいる。

■宇宙人から供与された情報を基にUFOを開発中。アメリカは、宇宙人の攻撃に見せかけて、中国のミサイル基地を破壊することを考えている。

▲中国北西部ゴビ砂漠の奥地にある謎の構造物。秘密の軍事基地だと言われている。

Source

『中国「秘密軍事基地」の遠隔透視』

■ロズウェル事件で最初に接触した宇宙人は最強ではなかったため、現在は別の宇宙人と協定を結んでいる。

ゴビ砂漠の謎の構造物

■地下に秘密軍事基地があり、アメリカと接触している宇宙人とは異なる種類のものがいる。

■中国の軍事指導者は、アメリカに対抗するために宇宙人と接触し、ステルス技術などを提供してもらっている。

■宇宙人は、中国を利用して地球をコントロールしようとしているが、中国の指導者はそこまで見抜けていない。

アメリカと中国は、私たちの知らないところで、宇宙人の技術を使った未知の兵器を開発しようとしているようだ。

UFO後進国日本は、ある日突然、技術大国の地位を失うばかりか、国家存亡の危機に直面することになるかもしれない。

THE FACT 次元ファイル THE PARANOMAL FILES

幸福の科学では「ＵＦＯ後進国日本の目を覚まそう！」キャンペーンを行っている。関連インターネット番組「THE FACT 異次元ファイル」をたよりに、ＵＦＯ先進諸国の現状を整理し、ＵＦＯ後進国日本の実情を明らかにした。

日本は世界で孤立している!?

民間パイロットのＵＦＯ事情

「異次元ファイル」では初回、日本航空（ＪＡＬ）元機長の小林一郎氏にＵＦＯ体験についてインタビューしている。

「僕は最初、星だと思っていたんですけど、その一点が**急にジグザグ運転をしだした**んですね」

１９８６年12月、太平洋上空で小林氏が見たものは流れ星や人工衛星では断じてないと言う。

「そういったものは我々は、しょっちゅう見ておりますので、それとの識別は簡単にできます」

実はこの直前、ＵＦＯ史上に残る大事件が日航で起きていた。日航ジャンボ機アラスカ沖事件だ。

１９８６年11月17日、パリから東京に向かう特別貨物便（機長・寺内謙寿氏）が、**アラスカ上空で巨大ＵＦＯ（ジャンボ機の20倍）に遭遇**したのだ。日本のメディ

Happy Science
一般的には流れ星だとか人工衛星だとか
金星だとか言われますけれども

小林一郎氏

戦後70年スペシャル
なぜ日本はUFOを認めないのか？
THE FACT
異次元ファイル
THE PARANOMAL FILES

「THE FACT異次元ファイル」は、マスコミが報道しない「事実」を世界に伝えるインターネット番組「THE FACT」の超常現象編。UFOや宇宙人をはじめとする真実のスピリチュアル情報を発信中。

異次元ファイル　検索

異

UFO情報鎖国時代、

アは大々的に取り上げたが、その後、寺内機長は精神鑑定を受けさせられ、地上勤務に回された。小林氏は当時の社内の印象をこう振り返る。

「（この事件によって）JALのなかでは『**言ったらまずい』という風潮になりました。**機長がUFOの目撃例を出した場合に、会社が取るであろう行動をパイロットの皆さんが知ってしまったので、公にしなくなったというのはあると思います」

全日空（ANA）の機長で操縦教官を務めた経験を持つ作家・故内田幹樹《もとき》氏も、2度にわたるUFO目撃を著書で告白。他のパイロットたちの体験談にも触れていて、

「じつは多くのパイロットは見ているんじゃないかと思う。ただ、『見た』『見た』とあんまり騒ぐと、チェックのときに眼科か精神科……で引っかかりそうでみんな黙っているのかもしれない」「パイロット同士であまりこのような話題は出ない。言ったところで結論が出る問題でもない、という感覚なのだろう」と書く。

航空自衛隊のＵＦＯ事情

では、同じく空の仕事の航空自衛隊はＵＦＯに遭遇したら報告するのだろうか。

「今もって、自衛隊内部では、ＵＦＯを目撃したなどと報告しようものなら、『貴様、頭でもおかしくなったのか』と一蹴《いっしゅう》され、過去には**正直に報告したがため、辛《つら》い目に遭った**後輩もいます」と元自衛隊空将の佐藤守氏は著書で語る。自衛隊も事情は同じで、将来を棒に振ってまでＵＦＯを見たと報告したくはない。だから沈黙を守るのだ。

実際、航空自衛隊ではＵＦＯはどのくらい目撃されているのか。佐藤氏が調べたところ、「予想をはるかに超える数の目撃談が飛び出し」たという。

一説によると、**自衛隊機がＵＦＯに遭遇して墜落事故を起こしたり、ＵＦＯと交戦したりする**こともあるそうだが、一切公にされていない。

閣議決定で「ＵＦＯは存在しない」

２０１５年4月1日、国会の参院予算委員会でアントニオ猪木参議院議員が「（ＵＦＯに対して自衛隊機が）スクランブル発進したことはあるか」と質問した。これに対して、中谷元《なかたにげん》防衛相は「領空侵犯のおそれのある正体不明の航跡を探知した場合、戦闘機を緊急発進させ、鳥等の航空機以外の物体を発見することはあるものの、**地球外から飛来したと思われる未確認飛行物体を発見した事例は承知していない**」と回答した。

この回答は２００７年12月に閣議決定された答弁書と変わらない。地球外から飛来してきたと思われる飛行物体について、「**これまで存在を確認していない**」「特段の情報収集、外国との情報交換、研究などは行っていない」とする見解だ。日々、ＵＦＯ情報がアップグレードする海外に比べて、日本は8年間、思考停止状態のようだ。

自衛隊が目撃したらアメリカ軍に報告

ＵＦＯ研究家の高野誠鮮《じょうせん》氏は、「異次元ファイル」で自衛隊機とＵＦＯの遭遇について、こう語る。

「日本のＵＦＯ情報はないのかというと、山ほどあるんですよ、実は。どこにあるかというと、アメリカにあるんです」「ＯＳＩ（アメリカ空軍特別調査部）のヒストリカルレポートです。これは機密だったんです。日本には一つもなかった日本のＵＦＯ情報が、いっぱい出てくる」

高野氏が示す１９５０年代の英文書類には、**芦屋（兵庫県）や板付《いたづけ》（福岡県福岡市）、見島《みしま》（山口県萩市）などの地名と共にＵＦＯ目撃報告が記録**されていた。これらは、アメリカ軍からの依頼で、**日本独自のＵＦＯに関する政策はほとんどない**という。

高野誠鮮氏

ＵＦＯ先進国アメリカのオモテとウラ

ＵＦＯ先進国の頂点ともいうべきアメリカだが、実は政府も軍部も公式にはＵＦＯを認めていない。ただ、かつて**空軍にはＵＦＯ調査機関があった。**「プロジェクト・ブルーブック」だ。

１９４８年に発足した「プロジェクト・サイン」が紆余曲折《うよきょくせつ》を経て、改称し、１９６９年まで存続した。最終的にＵＦＯの存在を否定する方向で解散したが、１９７４年に改正された「情報の自由化法」（ＦＯＩＡ）によってブルーブックの情報も公開された。

１９７６年に公開された20年分のＵＦＯ情報（計13万ページ）のうち、**５・５パーセントは「説明できない」**としている。これは「正体不明の物体がありました」と自ら言っているに等しい。なお、日本にはいまだかつて公的なＵＦＯ調査機関があった試しがない。

「ＵＦＯを目撃したら報告せよ！」

ブルーブックでＵＦＯを否定しながら、アメリカ空軍は「**ＵＦＯを見たら直ちに報告せよ**」**という命令**を出している。それが「ＪＡＮＡＰ《ジャナップ》１４６」だ。

ＪＡＮＡＰとは「陸海空三軍共通公布」の意で、アメリカとカナダの**軍人・民間パイロット・船舶航行者に対しＵＦＯ目撃報告を義務**づけ、違反すると罰する。ＪＡＮＡＰ　１４６が発令されたのは１９５４年のことだ。

さらに、アメリカ空軍はＵＦＯを定義づけする規定を１９５８年２月に発令している。Air Force Regulation No.200-2によると、「ＵＦＯは自然現象ではなく、非常に高度な飛行特性を持ち、人類が与り知らぬ飛行物体である」と、今から57年前にすでにＵＦＯを明確に定義づけしていたのだ。

FOR OFFICIAL USE ONLY
UNCLASSIFIED
JANAP 146(E)

CANADIAN - UNITED STATES
COMMUNICATIONS INSTRUCTIONS
FOR REPORTING VITAL
INTELLIGENCE SIGHTINGS

(CIRVIS/MERINT)
JANAP 146(E)

THIS PUBLICATION CONTAINS US MILITARY INFORMATION AND RELEASE TO OTHER THAN US MILITARY AGENCIES WILL BE ON A NEED-TO-KNOW BASIS.

THE JOINT CHIEFS OF STAFF
WASHINGTON, D.C., 20301

MARCH 1966

UNCLASSIFIED
FOR OFFICIAL USE ONLY
I
CHANGE NO. 2
(REVERSE BLANK)

JANAP 146（1966年改訂版）

極秘裏にＵＦＯ研究を続ける

アメリカはさらにＵＦＯそのものを極秘に研究しているという。その典型が**ロズウェル事件で墜落した円盤の研究**だ。これに直接関わった人物として元陸軍情報将校の故フィリップ・Ｊ・コーソ氏を「異次元ファイル」では紹介している。

コーソ氏は１９６１年からペンタゴン（アメリカ国防総省）の陸軍研究開発局で極秘任務に携わった。ロズウェルに墜落したＵＦＯの残骸を細かく分けて、各分野のエキスパートに渡して研究させるのだ。その結果、コンピューターのＩＣ（集積回路）、光ファイバー、暗視カメラなど、数々の新テクノロジーが誕生したという。

だとするならば、ＵＦＯ後進国といえども、**日本人は知らない間に宇宙人の恩恵に与っていた**ことになる。確かに１９６０年代後半頃から科学は異常なほど飛躍的な進化を遂げている。

コーソ氏は死の直前に「国はＵＦＯ研究していることを隠している」ことを告発するため、『ペンタゴンの陰謀（The Day After Roswell）』を著し、アメリカでベストセラーとなった。

故フィリップ・Ｊ・コーソ氏

COLUMN

ロズウェル事件

1947年7月、ニューメキシコ州ロズウェル付近でUFOが墜落し、その残骸と宇宙人を軍が極秘に回収した事件。7月8日付地元紙は「空飛ぶ円盤の残骸発見」を報じたが、9日付では「残骸は気象観測用気球」と報道を一転させた。

以後、この事件は闇に葬られるが、当時回収にあたったジェシー・マーセル元少佐が、1978年に「回収したものはこの世界のものではなかった」と証言したことから、ロズウェル事件の研究が進む。1997年、空軍は「ロズウェル事件最終報告書」を公表し、「残骸は極秘の核実験監視用気球だった」と公式見解を出すが、疑惑は深まるばかりだ。

Roswell Daily Record

RAAF Captures Flying Saucer On Ranch in Roswell Region

Claims Army is Stacking Courts Martial

House Passes Tax Slash by Large Margin

Security Council Paves Way to Talks On Arms Reductions

No Details of Flying Disk Are Revealed

Ex-King Carol Weds Mme. Lupescu

Miners and Operators Sign Highest Wage Pact in History

American League Wins All-Star Game

1947年7月8日付地元紙「ロズウェル・デイリー・レコード」が報じた「ロズウェル事件」第一報。

ポール・ヘリヤー氏の証言

元カナダ国防大臣ポール・ヘリヤー氏は、G8諸国の閣僚経験者のなかで初めてUFOの実在を証言した人物であり、宇宙人について数多くの発言を続けている。そのきっかけは先のコーソ氏の著書だという。「異次元ファイル」の取材にヘリヤー氏はこう答えた。

「私には、この本がフィクションではないことが分かりました。なぜなら、私はこの本で言及された、あるアメリカ空軍の将官を知っていたからです」

「将官は挨拶もそこそこに語り出しました。彼は『すべて真実だ』と言いました。

ポール・ヘリヤー氏

彼が語ったなかでもっとも重要だったのは、**合衆国の高官と他の恒星系からやってきた宇宙人との会合が行われていた**という事実でした」

　さらにヘリヤー氏は強調する。

「アメリカ政府のなかには、私たちよりもはるかに多くの秘密を知る人たちがいます。彼らは秘密保持を誓わされています。しかし、『60年間何をしてきたか』『宇宙人技術をどれだけ転用してきたか』をアメリカ国民に正直に語るべきです」

　このような勇気ある発言がＵＦＯ後進国で行われれば、風穴を開けることにもつながるだろう。

元宇宙飛行士 エドガー・ミッチェル氏の証言

「異次元ファイル」は、さらにロズウェル事件を証言する人物を取材した。元アポロ宇宙飛行士エドガー・ミッチェル氏だ。

「**宇宙人が地球にいることは否定できません**」「彼ら（宇宙人）には違いがあります。すべて同じではありません。**たとえば私たちとそっくりな宇宙人もいますが、リトルグレイと呼ばれるのもいます**。もっと小さいのもいますよ。１９４７年に私の故郷で起きたロズウェル事件にまでさかのぼると、彼らはとても小さかった」

　同氏は、故郷近くのロズウェルに住む複数の住人から別の証言を得たという。

「当時を知る何人かの人は私のところに来て言いました。『あれは本物だ。軍は気象観測気球だと言って否定しているが、**あれは宇宙船だった**』と」

イギリスＵＦＯ事情① 政治家編

アメリカ以外にＵＦＯ先進国といえば、イギリスがＵＦＯ情報に非常にオープンである。イギリスも政府がＵＦＯを認めているわけではないが、政治家や王室や貴族にＵＦＯに関する発言をする人が多い。

たとえばデヴィッド・キャメロン首相は、２００９年に「**首相になったらＵＦＯ情報を完全に公開す**

エドガー・ミッチェル氏

る」と宣言して、２０１０年に首相就任以来、公約を守ってＵＦＯ情報を公開し続けている。

エリザベス女王の夫君フィリップ殿下は１９５０年代からＵＦＯに関心を寄せている。

イギリス議会ではＵＦＯ発言が盛んで、クランカーティ伯爵議員は、**世界初のＵＦＯ討議を１９７９年に上院議会で開催**した。彼はブリンズリ・ルポア・トレンチのペンネームでＵＦＯ関係の著書を多数著したＵＦＯ研究家でもあった。

宇宙人に遭遇したと語る市議会議員もいる。ハンプシャー州ウィンチェスター市のエイドリアン・ヒックス市議は、２００４年に**バレリーナのような宇宙人に遭遇した**とマスコミに語っている。ノース・ヨークシャー州ウィットビー町のサイモン・パークス町会議員は、**宇宙人にアブダクション（誘拐）されたと**インタビューでまじめに語っている。

エイドリアン・ヒックス氏が遭遇した宇宙人
（再現イラスト）

いずれにしても、今の日本の政治家には考えられないことだ。

イギリスＵＦＯ事情②
連絡窓口編

イギリス国防省には「ＵＦＯデスク」という部局があり、１９５０年から２００９年まで国民はＵＦＯに遭遇したら報告していた。だが、「この50年あまり、地球外生命体を示す情報は確認できず、ＵＦＯは国防上の脅威ではなかったから」という政府の理由で、ＵＦＯデスクはクローズされた。

ＵＦＯデスクが集めた記録は、イギリス国立公文書館（ＴＮＡ）に保管され、順次公開されてきた。

今は、**イギリス人はＵＦＯを見たら、空軍に報告**している。このように公に連絡先や窓口がきちんとあることが、ＵＦＯ情報先進国への第一歩であるかもしれない。

宇宙人の存在を政府として認めたフランス

フランスもＵＦＯ先進国だが、**国の機関にＵＦＯ研究組織**があり、政府が宇宙人の存在を認める点で異色だ。

フランスには、ＣＮＥＳ《クネス》（フランス国立宇宙研究センター）という、フランスのＮＡＳＡ（アメリカ航空宇宙局）のような国の機関がある。このＣＮＥＳにＵＦＯ研究組織があるのだ（ＮＡＳＡにはそういう組織はない）。この組織は「ＧＥＩＰＡＮ《ジェイパン》」と呼ばれ、２度の組織の改変を経て、軍・民間含むすべてのＵＦＯ情報を収集している。

１９９９年７月、ＣＮＥＳとフランス国防省は、ＵＦＯ研究成果をまとめて、ジャック・シラク大統領（当時）とリオネル・ジョスパン首相（当時）に提出した（「ＣＯＭＥＴＡ《コメタ》報告」）。

そこには、「**防衛的視点から地球外生命体仮説が認められる**」と書かれているが、それを大統領と首相が受理したということは、フランス政府が宇宙人の存在を認めたに等しいと言える。

ＣＮＥＳは２００７年３月に世界初の**公的ＵＦＯ情報をインターネット上に公開**し、世界を驚かせた。また、２０１０年５月のシグマ報告で、地球外生命体仮説をとっている。

世界各国のＵＦＯ情報に対する扱い方

世界の多くの国では公的機関がＵＦＯ情報に関して何らかの取り組みをしている。その一部を見てみよう。なお、これらの国は必ずしもＵＦＯや宇宙人を公認しているわけではない。

【ロシア】 ソ連時代に、ソ連科学アカデミー内にＵＦＯを研究する機関「ソユーズＵＦＯセンター」が存在した。１９８９年、ボロネジ市で起きた宇宙人事件を国営タス通信が報道。ソ連崩壊後、ＫＧＢ（ソ連国家保安委員会）がＵＦＯに関する秘密文書を公開した。

【イラン】 １９７６年９月19日、テヘラン上空に巨大ＵＦＯが飛来し、空軍指揮官が確認する。

【ベルギー】 １９８９年、ＵＦＯがベルギー上空を頻繁に飛来。空軍が「ＵＦＯは他の惑星から飛来している可能性が高い」

と公式に言明した。

【チリ】１９９７年、政府がＵＦＯ目撃体験や現象は現実にあると認めた。民間航空局の管轄下にある異常空中現象研究委員会（ＣＥＦＡＡ）がＵＦＯを調査しており、一部はインターネット上で調査の結果を公開。

【ペルー】２００１年、空軍に空中特異現象調査局（ＤＩＦＡＡ）を創設し、ＵＦＯ情報を収集分析していたが、２００８年に閉鎖。ＵＦＯ目撃の増加に伴い、２０１３年に復活。

【メキシコ】２００４年、国防総省は空軍パイロットが撮影したＵＦＯ映像を正式にＵＦＯであると公式認定した。

【アイルランド】２００７年、国防省と軍が37年間分のＵＦＯ目撃情報を保存していると明らかにした。

【ルーマニア】２００７年、国防省は空軍戦闘機がＵＦＯと交戦したことを公式発表した。

【ベトナム】２００８年5月28日、ベトナム領フーコック島上空で「ＵＦＯが爆発した」と政府が発表した。

【カナダ】２００９年、軍などが収集したＵＦＯ情報を公開した。

【デンマーク】２００９年、空軍が収集したＵＦＯ情報を公開した。

【スウェーデン】２００９年、政府機関の国防研究所（ＦＯＩ）などが作成したＵＦＯ報告書を公開した。

【ウルグアイ】２００９年、空軍が30年にわたるＵＦＯ調査の情報を機密解除し、40例を説明不可能とした。

【ブラジル】２００９年、政府がＵＦＯ情報を公開した。２０１０年、パイロットなどを対象に、ＵＦＯ目撃情報を軍に報告するよう政令を出す。

【ニュージーランド】２０１０年、国防軍がＵＦＯ宇宙人情報を公開した。

【アルゼンチン】２０１０年、空軍内に領空内現象調査委員会（ＣＩＦＡ）を設置。政府は軍やパイロットなどにＵＦＯ目撃情報を報告するよう促す。

【オーストラリア】２０１１年、軍がＵＦＯに関する文書を紛失したと発表。

【インド】軍がＵＦＯ情報を頻繁にメディアに公開している。

【中国】中国共産党の管理下にあるＵＦＯ研究組織「北京ＵＦＯ研究協会」がＵＦＯ情報を集めている。

アメリカ大統領とＵＦＯ

アメリカの歴代大統領は、ＵＦＯや宇宙人に関する発言をしている。

【ハリー・S・トルーマン】1950年4月4日、記者会見で「私が言えることは、空飛ぶ円盤が実在するなら、地球上のいかなる力によってつくられたものではないということだ」と発言。

【ドワイト・D・アイゼンハワー】1954年2月20日深夜、カリフォルニア州エドワーズ空軍基地で宇宙人の使節団と会見し、正式な協定を結んだという説がある。翌年2月10日夜にも2回目の会見を行ったとされる。

【ジョン・F・ケネディ】ロズウェル事件の真相や、月の裏側にあるUFO前哨基地の偵察がアポロ計画であるなど、UFOの存在を公表しようとしたために暗殺されたという説がある。

【ジェラルド・フォード】1966年、下院議員時代に下院軍事委員長に、「私は（UFOの）報告の一部は事実であると考えているのに加えて、これまでの空軍による説明ではなく、もっと詳細な説明を受ける権利がアメリカ国民にはあると確信しています」と要求。

【ジミー・カーター】1969年10月、アトランタ州知事時代にジョージア州リアリーでUFOを目撃。大統領選で「私は、UFO問題を解決する」と公約したが、NASAの横やりで流れた。

【ロナルド・レーガン】1985年11月20日、米ソ首脳会談で、「異星人からの脅威に直面したら、国と国との意見や考え方の違いはあっという間に消えるだろう」など、宇宙人に関する発言はきわめて多数。

【ビル・クリントン】大統領在任中は「ロズウェル事件は事実ではない」と発言したが、2014年4月2日のテレビ番組で「宇宙人が地球に来ても驚かない」と発言。

【バラク・オバマ】2013年10月、予定外の記者会見で「エイリアンはずっと私たちの周りにいた」「エイリアンたちが私たちの政府を60年以上もコントロールしている」などと語ったあと、「冗談です」と覆す。

COLUMN

UFOを肯定した海部《かいふ》元総理

日本で総理大臣がUFOに関する発言をすることはきわめてまれで、わずかに海部俊樹元総理ぐらいだ。1983年、自民党の文教制度調査会長時代に、海部氏は「UFOを見たことはないが信じたい。信じたほうが夢があっていいと思う」と、香川県連関係者宛て書簡に書いている。

1967年、労働政務次官時代に、ソ連で元外務次官の黄《おう》田《だ》多《た》喜《き》夫《お》氏から「他の国では、UFOは真剣に論議されている問題なのに、日本のUFOに対する認識は低すぎる」と聞いて、それ以来、UFOに関心を持ったという。

１９８９年、総理時代には、雑誌のインタビューに「何年も何十年も昔から『見た』という人が次々と現れているのですから、そこには何かしらあると思うほうが自然ではないでしょうか。ＵＦＯの存在を信じる、または否定しないという考え方のほうが私は好きです。『ＵＦＯの宇宙人から見れば、ソ連人もアメリカ人も日本人も、みんな同じ地球人じゃないか』という意識を持つことのほうが大切なことのような気がします」と答えている。

ロシアの指導者たちのＵＦＯ事情

ロシア（旧ソ連）のトップもＵＦＯに関する発言をしている。

【ミハイル・ゴルバチョフ】 １９８７年、共産党幹部大会（モスクワ）の席上、「(１９８５年の米ソ首脳会談で)もし、宇宙からの攻撃を受けたら、米ソは軍事力を結集し、これに当たるだろうとレーガン大統領は言った。私は、時期尚早と思っているが、異論をはさむつもりはない」と演説。

【ドミトーリ・メドヴェージェフ】 ２０１２年12月、「ロシアの大統領は、核のボタンと一緒に、地球に来ている宇宙人についての最高機密を引き継ぐ」とテレビの取材にジョークまじりで答えた。

一方、ロシア連邦のカルムイク共和国のキルサン・イリュムジーノフ大統領は、「１９９７年９月にモスクワのアパートで宇宙人にアブダクションされた」とロシア国営放送で告白していることも注目しておきたい。

アメリカの民間団体は進んでいる

アメリカは民間のＵＦＯ研究も盛んだ。世界36カ国と地域に展開する「ＵＦＯ相互ネットワーク（ＭＵＦＯＮ《ムーフォン》）」は、フィールドワーク的な調査活動を行い、情報を随時インターネット上に更新している。「全国ＵＦＯレポートセンター（ＮＵＦＯＲＣ）」は、24時間体制のホットラインを備え、その情報を基にした**ＵＦＯ出没地が分かるマップを公開**。

日本ではＵＦＯ研究はもっぱら個人レベルであり、このような真摯で継続的な民間調査団体はない。

宇宙人によるアブダクション被害者（アブダク

ティ）は年々増加しており、被害者の悩みに対して手を差し伸べる民間団体も存在する。アメリカにはいくつもの支援グループがあるが、最近注目を浴びている団体はイギリス初の支援グループ「ＡＭＭＡＣＨ（アブダクティ、コンタクティのための相談ダイヤル）」だ。このグループは毎年、会議を開催してアブダクションに悩む人たちが一堂に会し、情報をシェアし合っている。

また、ＵＦＯの情報開示を国や政府に迫る民間団体もある。「情報の自由化法」をたてに、１９７５年11月、アメリカのＧＳＷ（地上円盤観測機構）というＵＦＯ研究グループがＣＩＡ（アメリカ中央情報局）に対して軍のＵＦＯ資料の公開を要請した。

ＣＩＡは「ＵＦＯ資料など存在しない」と公開を拒んだが、ＧＳＷは訴訟を起こし、１９７８年に勝訴してしまった。その結果、**ＣＩＡはＵＦＯ資料を１０００ページも公開**した。「ない」と発言しながら、保管していたのだ。

ＮＵＦＯＲＣの情報を基に作成されたＵＦＯマップ（YouTube動画より）

日本では２００１年４月に情報公開法が施行、ＵＦＯ研究家の竹本良氏が何度もＵＦＯ情報開示を政府各省に迫ったが、毎回、回答は「不開示」だった。

アメリカではさらに大胆な民間活動もある。「ディスクロージャー・プロジェクト」（スティーヴン・Ｍ・グリア博士主宰）である。２００１年にワシントンＤ．Ｃ．で関係者が大集合して、数々のＵＦＯ情報を暴露した。

メディアの扱い方で分かる先進性

日本のＵＦＯ後進国ぶりはテレビ番組を見ると分かる。ＮＨＫや民放がニュースや報道番組でＵＦＯをまともに扱うことはほとんどない。茶化したり、面白おかしく否定して視聴率を上げようとするバラエティ番組が主流だ。

しかし、海外では事情が異なる。アメリカでは三大テレビネットワークである**ＡＢＣ、ＣＢＳ、ＮＢ**

Cが堂々とUFO事件を報道する。

2011年1月28日にはエルサレムの「岩のドーム」上空に現れたUFO事件をABCニュースが報じた。同年7月27日に起きたフロリダUFO墜落事件はABC、CBS、NBCが報道した。

岩のドームUFO事件を報じるABCニュース（YouTube動画より）

フロリダUFO事件を報じるABCニュース（YouTube動画より）

イギリスの公共放送チャンネル4では、前出のアブダクションされた町会議員のインタビューをドキュメンタリー「エイリアン拉致被害者の告白」として放映（2013年6月）。こんなことは海外では当たり前で、まじめに紹介しているところが日本と大違いだ。

唯物論国家・中国でさえ、UFO事件をニュースで報道している。2010年7月の浙江《せっこう》省杭州市にある蕭《シャオ》山《シャン》国際空港でのUFOによる空港閉鎖事件などは国営新華社通信が取り上げていた。

ドキュメンタリー「エイリアン拉致被害者の告白」（YouTube動画より）

本来、国民が知るべき情報を意図的に黙殺したり、取り上げても嘲笑《ちょうしょう》的に扱う日本のメディア。日本国民にはUFO情報など必要ないという前提があるかのようだが、一般市民は知らされないかぎり、知ることはできない。

しかし、宇宙時代は待ったなしでやってくる。宇宙人が目の前に姿を現してからでは遅い。そのために、大川隆法総裁は宇宙時代のための教えを説き、数々の宇宙人リーディングを行っている。まずは、今の日本はUFO・宇宙人情報において後れているということに気づき、そうした存在を否定するのではなく、真実を知ろうとする姿勢を持つことだ。

UFO・宇宙人事件史 世界編

第二次世界大戦から現在に至るまで
UFO・宇宙人関連の事件は膨大な量に上るが、
主要と思われるものをセレクトした。

1942年〔アメリカ〕2/25、ロサンゼルス上空に複数のUFOが飛来、軍が対空砲で迎撃。

第二次世界大戦末期（1944～1945）、連合軍および枢軸軍、多数のフー・ファイター（幽霊戦闘機）に遭遇。

1947年〔アメリカ〕6/24、ワシントン州レーニア山上空で、自家用機を操縦中のケネス・アーノルド、UFO編隊を目撃。

Searchlights and Anti-aircraft Guns Comb Sky During Alarm

〔アメリカ〕7月初め、ニューメキシコ州ロズウェルでUFOが墜落、軍がUFOの機体と宇宙人を回収。

1948年〔アメリカ〕1/7、ケンタッキー州ゴドマン空軍基地上空で、トーマス・マンテル大尉がUFOを追跡中に墜落死。

〔アメリカ〕1/22、空軍、UFO調査機関「プロジェクト・サイン」を発足。

〔アメリカ〕10/1、ノースダコタ州ファーゴ空軍基地上空で、ゴーマン少尉機が小型UFOと空中戦。

1949年〔アメリカ〕2月、空軍、「プロジェクト・サイン」を「プロジェクト・グラッジ」に改称、年末には閉鎖。

1950年〔アメリカ〕4/4、トルーマン大統領、記者会見で空飛ぶ円盤について触れる。

1951年〔アメリカ〕8/25、テキサス州ラボックで、科学者3人が10数個のUFO群を撮影。

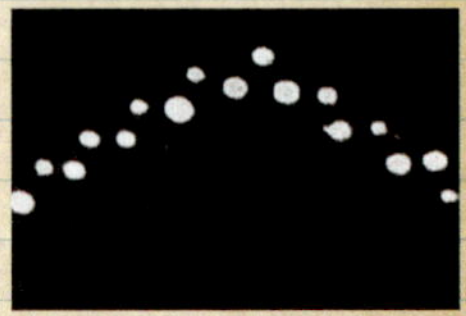

〔アメリカ〕10/27、空軍、「プロジェクト・グラッジ」を再開。

1952年〔アメリカ〕1月、世界初の民間のUFO研究団体「APRO」が発足。

〔アメリカ〕3/25、空軍、「プロジェクト・グラッジ」を「プロジェクト・ブルーブック」と改名。

〔アメリカ〕7/19、首都ワシントン上空にUFO群が出現。26日にも出現。

〔アメリカ〕9/12、ウェストヴァージニア州フラットウッズにUFOが着陸、3メートルの宇宙人が出現。

〔アメリカ〕11/20、ジョージ・アダムスキー、カリフォルニア州モハベ砂漠で金星人と会見。

1953年〔アメリカ〕1/14、CIA（アメリカ中央情報局）、科学者を集めてロバートソン査問会（UFOに関する会議）を開催。

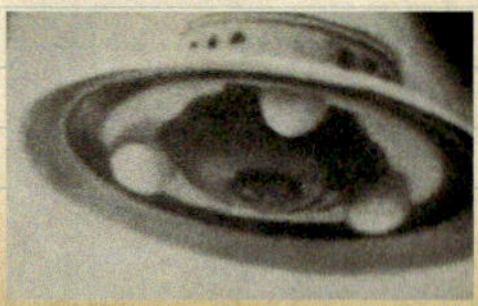

1954年〔アメリカ〕2/17、JANAP146、アメリカ・カナダの主要航空会社とアメリカ軍事輸送局の合議で発令。

〔ドイツ〕11/21、近代ロケット工学者ヘルマン・オーベルト博士、「空飛ぶ円盤は地球外から飛来」と明言。

1955年〔イギリス〕4月、ロンドンで、UFO専門雑誌「フライング・ソーサー・レヴュー」が創刊。

1956年〔アメリカ〕10/24、民間UFO研究団体「NICAP（全米空中現象調査委員会）」を発足。

1957年〔アメリカ〕ウィリアム・スポルディング、民間UFO研究団体「GSW（地上円盤監視機構）」を設立。

1958年〔ブラジル〕1/16、トリンダデ島でブラジル海軍練習船がUFOを撮影。ブラジル海軍省から公認される。

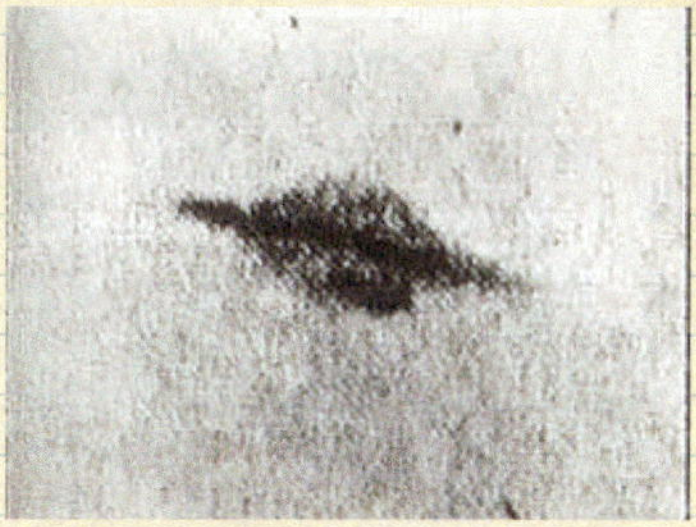

1959年〔パプアニューギニア〕6/26~27、ボイアナイで、神父ら多数がUFOを目撃、UFO上部に宇宙人を確認。

1960年〔アメリカ〕NASA（アメリカ航空宇宙局）、「ブルッキングス・レポート」を発表。

1961年〔アメリカ〕9/19、ニューハンプシャー州ランカスターで、バーニー＆ベティ・ヒル夫妻が宇宙人にアブダクション（誘拐）される。

1962年〔アメリカ〕マッカーサー元帥、ウェストポイント陸軍士官学校の講演で惑星間戦争に言及。

1963年〔キューバ〕3/27、キューバ領空にUFOが侵入、キューバ空軍のミグ21戦闘機が迎撃。

〔アメリカ〕5/15、宇宙船マーキュリー9号、宇宙空間でUFOを撮影。

1964年〔アメリカ〕4/24、ニューメキシコ州ソコロで、警官ロニー・ザモラが着陸中のUFOと宇宙人を目撃（ソコロ事件）。

1965年〔アメリカ〕6/3、宇宙船ジェミニ4号、ハワイ上空を通過中、UFOに遭遇。

1966年〔アメリカ〕4/5、連邦議会、下院軍事委員会でUFO問題に関する初めての公聴会を開催。

〔アメリカ〕5月、ギャラップ世論調査でアメリカ人のUFO目撃者が500万人に上ると発表。

〔アメリカ〕10/6、空軍の依頼で、コロラド大学UFO調査委員会（コンドン委員会）設立。

1967年〔イギリス〕国防省、公式にUFOの目撃情報について調査を開始。

〔カナダ〕10/4、シャグハーバーで、UFOが墜落。住民多数が発光体を目撃、警官3人も目撃。

1968年〔アメリカ〕7/29、科学・航空宇宙委員会、下院でUFOシンポジウムを開催。

〔アメリカ〕11/13、NSA（国家安全保障局）、「UFO仮説と人類生存について」を作成。

〔アメリカ〕12/21、宇宙船アポロ8号、月軌道でUFOと遭遇。

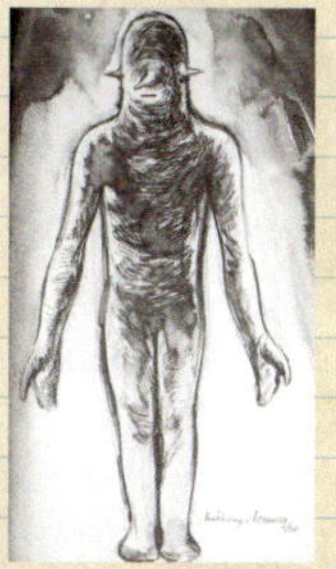

1969年〔アメリカ〕1/9、コロラド大学UFO調査委員会、UFOに関する否定的見解の白書を発表して、解散。

〔アメリカ〕12/17、空軍、「プロジェクト・ブルーブック」を閉鎖。

1971年〔国連〕11/8、総会第一小委員会で、ウガンダのイビンギラ国連大使、UFO問題を国連で討議すべきと発言。

1972年〔日本〕8月末、高知県高知市介良《けら》町で、小型UFOの捕獲未遂事件が発生（介良事件）。

1973年〔アメリカ〕10/11、ミシシッピー州で、男性2人がアブダクションされる（パスカグーラ事件）。

1975年〔日本〕2/23、山梨県甲府市で、2人の小学生が着陸したUFOから現れた宇宙人に遭遇（甲府事件）。

〔アメリカ〕11/5、アリゾナ州で森林伐採夫がアブダクションされる（トラビス・ウォルトン事件）。

1976年〔アメリカ〕カーター大統領、UFOを目撃したことを公言。

〔アメリカ〕7/5、情報自由化法により、「プロジェクト・ブルーブック」のUFO資料公開。
〔イラン〕9/19、首都テヘラン上空に巨大なUFOが出現。現地空軍指揮官が確認、レーダーでも捕捉。
〔国連〕10/7、第31回総会で、グレナダ国のゲーリー首相、UFO問題解決の緊急性と重要性を演説。

1977年〔メキシコ〕4/18、アカプルコで第1回UFO国際会議が開催。

〔フランス〕5/1、CNES(国立宇宙研究センター)内にUFO問題研究のための公式機関「GEPAN」を設立。

〔アメリカ〕6/24、シカゴで「国際UFO会議」開催。

〔アメリカ〕9/12、UFO研究団体GSWがCIAを相手取り、UFO極秘文書公開の訴訟を起こす。

1978年〔アメリカ〕9/18、民間UFO研究団体GSWがCIAに勝訴。

〔クウェート〕11/9、上空にUFO出現。政府、UFO特別調査委員会をつくって調査に当たるよう命じる。

〔国連〕11/27、第35回特別政治委員会でUFO問題が討議される。

〔アメリカ〕12/15、CIA、計340件、約1,000ページに及ぶUFO関係の秘密文書を公開。

1979年〔イギリス〕1/21、上院でUFO公聴会が開催。

1980年〔イギリス〕12/27、サフォーク州ウッドブリッジのアメリカ空軍基地近くにUFOが着陸。30日、基地司令官と宇宙人が会見?(レンデルシャムの森事件)

1983年〔アメリカ〕3/23、レーガン大統領、「宇宙からの敵に脅かされているとしたら」という発言を行う。

1984年〔日本〕12/18、水産庁の海洋調査船、フォークランド諸島沖でUFOを目撃(開洋丸事件)。

1985年〔中国〕6/11、甘粛省上空で、北京発パリ行の中国民航機が巨大な光体と遭遇。

〔中国〕8/28、大連で初のUFO研究会議が開催。過去5年間に600件の目撃例があったことが報告。

〔アメリカ〕11/20~28、米ソ首脳会談(ジュネーブ)で、レーガン大統領が「宇宙人からの脅威に直面したら、国と国との意見や考え方の違いは、あっという間に消えるだろう」と発言。

〔アメリカ〕12/4、レーガン大統領、メリーランド州のフォールストン・ハイスクールでの演説で宇宙からの脅威に言及。

1986年〔ブラジル〕5/19、空軍、ブラジル上空の21個のUFOをレーダーで捕捉、戦闘機を緊急発進。

〔日本〕11/17、日本航空ジャンボ機貨物便、アラスカ沖上空で巨大UFOに遭遇、30分間追尾される。

1988年〔フランス〕公的UFO研究機関「GEPAN」を「SEPRA」に改組。

1989年〔ソ連〕9/23、ボロネジ市の公園で、3人の少年が巨人型の異星人と遭遇したと国営のタス通信が伝える。

〔ベルギー〕11/29、オイペンで住人多数が三角形UFOを目撃する。数カ月にわたり各地で目撃。

1991年〔アメリカ〕9/15、スペースシャトル・ディスカバリーがUFOを撮影。

1994年〔アメリカ〕7月、空軍、「ロズウェル事件調査報告」を公表、軍事気球の墜落と結論。

1997年〔アメリカ〕フィリップ・J・コーソ元中佐著『ザ・デイ・アフター・ロズウェル』刊行。

1999年〔フランス〕「COMETA報告」を作成。

2001年〔アメリカ〕5月、ナショナル・プレス・クラブで、ディスクロージャー・プロジェクト開始。

2004年〔メキシコ〕3/5、カンペチェ州で、空軍偵察機が11機のUFOに遭遇、撮影に成功(メキシコ空軍機事件)。

〔メキシコ〕6/10、ハリスコ州グアダラハラで、無数の球形UFO大編隊が出現。

2005年〔フランス〕公的UFO研究機関「SEPRA」を「GEIPAN」に再度改編。

2007年〔フランス〕3/22、CNES、6000件のUFOに関する証言などを公開。

〔日本〕12/18、閣議決定された答弁書で、UFOについて「存在を確認していない」と答弁。


2009年〔イギリス〕12/1、国防省、1950年から続いたUFO調査部門(UFOデスク)を廃止。

2010年〔日本〕1/1、幸福の科学・大川隆法総裁、「宇宙の法」を説き始める。のち、宇宙人リーディング開始。

〔ロシア〕4/26、カルムイク共和国のイリュムジーノフ大統領、宇宙人にアブダクションされた体験を告白。
〔中国〕7/7、浙江省杭州蕭山国際空港、UFO騒ぎのために一時閉鎖。

〔日本〕12/4、大川隆法総裁の大講演会直後、会場の神奈川県横浜アリーナ上空にUFOフリート出現、約1時間滞空。

〔ニュージーランド〕12/22、国防軍、UFO宇宙人遭遇情報数百件を公表。


2011年〔イスラエル〕1/28、首都エルサレムの岩のドーム上空にUFOが出現。

〔日本〕5/8、東京都新宿上空にUFOフリート出現。

〔アメリカ〕7/27、フロリダ州沖に発光するUFOが墜落、3大ネットワークが緊急放送。

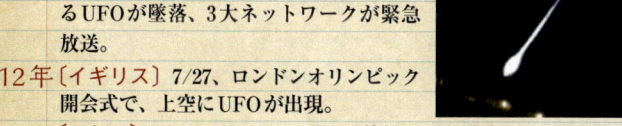

2012年〔イギリス〕7/27、ロンドンオリンピック開会式で、上空にUFOが出現。
〔ロシア〕12/7、メドヴェージェフ首相、テレビのインタビュー中に、宇宙人問題に対して発言。

2013年〔ロシア〕2/15、チェリャビンスクに隕石が落下、地球へ激突する直前にUFOが隕石を爆破。

〔イギリス〕6/21、国立公文書館(TNA)、国防省のUFOデスクがまとめた2年間のUFOファイルを公開。

〔イギリス〕7/19、ロンドン郊外バークシャー上空で、エアバスA320とUFOが異常接近。

〔イギリス〕7月、王立天文学会、異星人探索機関の創設を発表。

〔日本〕11/30、テレビ朝日が超常現象番組を収録中、六本木の社屋上空にUFO群が出現。
〔カナダ〕12/30、ポール・ヘリヤー元国防相、ロシアのニュース番組で冷戦時代のUFO事件を語る。

2014年〔日本〕1/23、沖縄県那覇港上空で夜、複数のUFOが出現、フォーメーションを変えながら姿を見せる。

2015年〔アメリカ〕1月、UFO研究者が「ブルーブック・プロジェクト」情報をインターネット上にアップ。
〔日本〕4/1、国会予算委員会でアントニオ猪木参院議員、UFOについて質問。
〔日本〕10月、映画「UFO学園の秘密」公開。

参考文献

内田幹樹『機長からアナウンス』(新潮文庫)、佐藤守『実録・自衛隊パイロットたちが目撃したUFO』(講談社＋α新書)、太田東孝『日本政府はUFOを知っていた』(KKベストセラーズ)、コールマン・S・フォンケビュツキー『UFO軍事交戦録』(徳間書店)、ミン・スギヤマ『UFOはこうして隠蔽されている!』(徳間書店)、並木伸一郎『未確認飛行物体UFO大全』(学研パブリッシング)、矢追純一『矢追純一のUFO大全』(リヨン社)、『【UFO対談】飛鳥昭雄×高野誠鮮』(学研パブリッシング)、Don Berliner/ UFO Briefing Document/A DELL BOOK、月刊「ザ・リバティ」(幸福の科学出版)、ほか。

「異次元ファイル」に寄せられた UFO・宇宙人体験談

「THE FACT異次元ファイル」にはUFO・宇宙人遭遇体験談が続々と寄せられている。そのいくつかを紹介していこう(投稿者名はペンネーム)。

いろいろな光を回転させるUFO

2008年秋のある日の深夜1時頃、歯磨きをしながら窓の外を見上げると、UFOらしきものが旋回していました。

数種類の色の光がクルクルと回転し、底盤部分も回転していまし

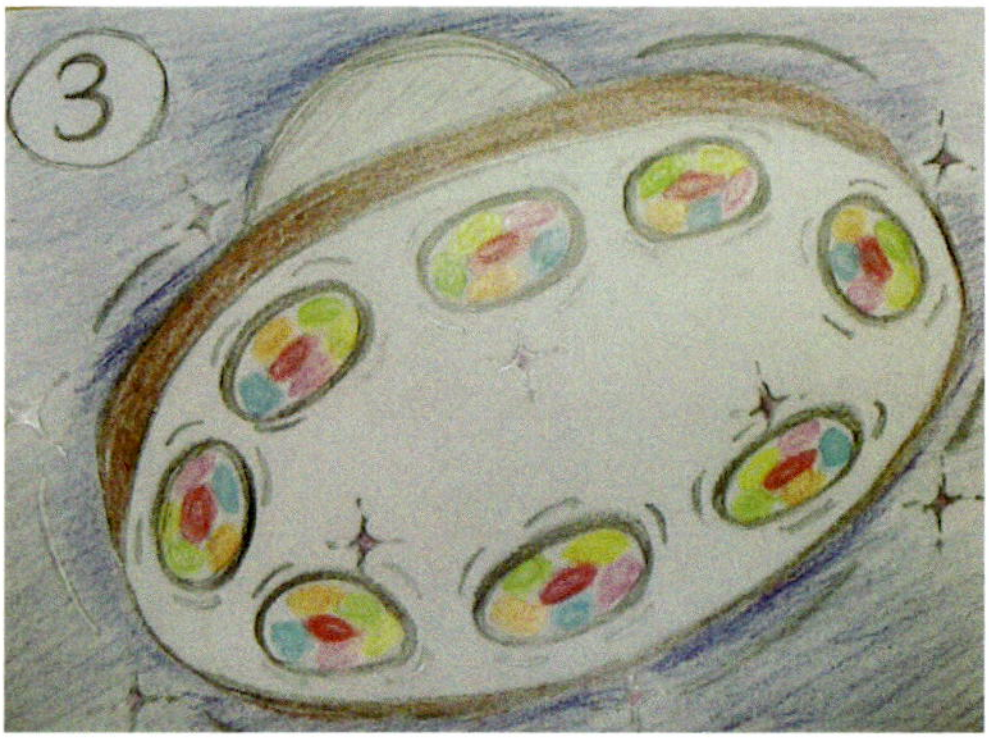

(本人イラスト)

た。UFOは隣の3階建ての公団の建物の上のほうにいて、誰かを探しているように感じました。宝石のようにキラキラ輝き、あまりにもきれいだったので、しばらく見ていました。

（東京都・ミー坊パトラさん・52歳）

雲海の上に飛ぶ影のようなUFO

2015年1月5日12時2分、新千歳空港に向かうJAL機内より撮影。場所は新潟上空です。黒い影のようなものが飛行機と並行して飛んでいましたが、やがて向きを変えて飛んでいきました。

（本人撮影）

（北海道・エル・スカイウォーカーさん・43歳）

カプセル型の巨大UFO

小学校1年生のとき、家族で高野山に行きました。夜遅く谷沿いの山道を車で走っていると、崖下の木々が途切れたあたりが白く光っていました。見ると、巨大なカプセル型のUFOが山と山の間で宙に浮かんで静止していたのです。全体にぼうっと白く発光していました。

私と姉は大興奮で、「ママ、パパ！UFOだ！」と叫びましたが、目を離した瞬間に消えてしまいました。

（本人イラスト）

（栃木県・ミッツさん・25歳）

透明スイッチを切り忘れたUFO?

13、4年前のことです。京葉道路の篠崎インター（東京都江戸川区）から環状七号線に向かう渋滞中の道路で、空にナンのような形の雲が見えました。その雲の右端の切れ間に、半透明の細長いものが見えたので、凝視すると、葉巻型のＵＦＯでした。大きさは旅客機よりもはるかに大きく感じました。

何度も確認し、消える直前には2機になっていました。後年、『「宇宙の法」入門』で、雲の中で巨大な葉巻型ＵＦＯが姿を隠す装置のスイッチを押し忘れて、見えることがあると知り、それだと思い、納得しました。

（東京都・ＹＯＵがタイショウさん・49歳）

■テレビの台風中継の場面にＵＦＯが

２０１２年10月、大型台風が日本列島を襲ったときのことです。18時のニュースで、静岡県のある海岸でリポーターが台風の実況中継をしていました。海は高波で、空には厚い雲が映っています。その雲に赤い光を放つＵＦＯが映っていたのです。上半分はドーム型で窓がたくさんついていました。子供と一緒に見ていて、「テレビだからわざとあんなに大きく出てくるんだね」などと言いましたが、画面が切り換わると、「あれ、今のは何？」と、急に我に返りました。後日、インターネットで動画を探し、同じ場面を確認しましたが、ＵＦＯは映っていませんでした。

（神奈川県・羊さん・44歳）

■30人が目撃した金色の球体ＵＦＯ

20年前、尼宝線《あまほうせん》（兵庫県道42号尼崎宝塚線）沿いにあるマンション建設現場でのことです。クレーンを操作中の職人が「来てほしい」と言うので、行って、真上の空を見上げました。

雲一つない青空に、丸い銀色をしたものが浮んでいました。やがてほかの職人や現場の監督などが集まってきて、30人ほどになりました。

微動だにしなかった物体は突然、北に移動し、また止まりました。さらに速い速度で東に移動し始めました。

僕はレベルと呼ばれる測量機器で物体にピントを合わせて見ました。物体はほぼ完全な球体で、表面は鏡のように青空と太陽の光を映し出しています。表面に黄色か金色の丸い模様が、縦横無尽に動き回っていました。

すると突然、ＵＦＯはレンズから消えました。誰かが「あそこやー！」と叫びます。はるか西方の上空にいて止まっています。数秒後、全員が見ているなかで、物体はフッと消えました。

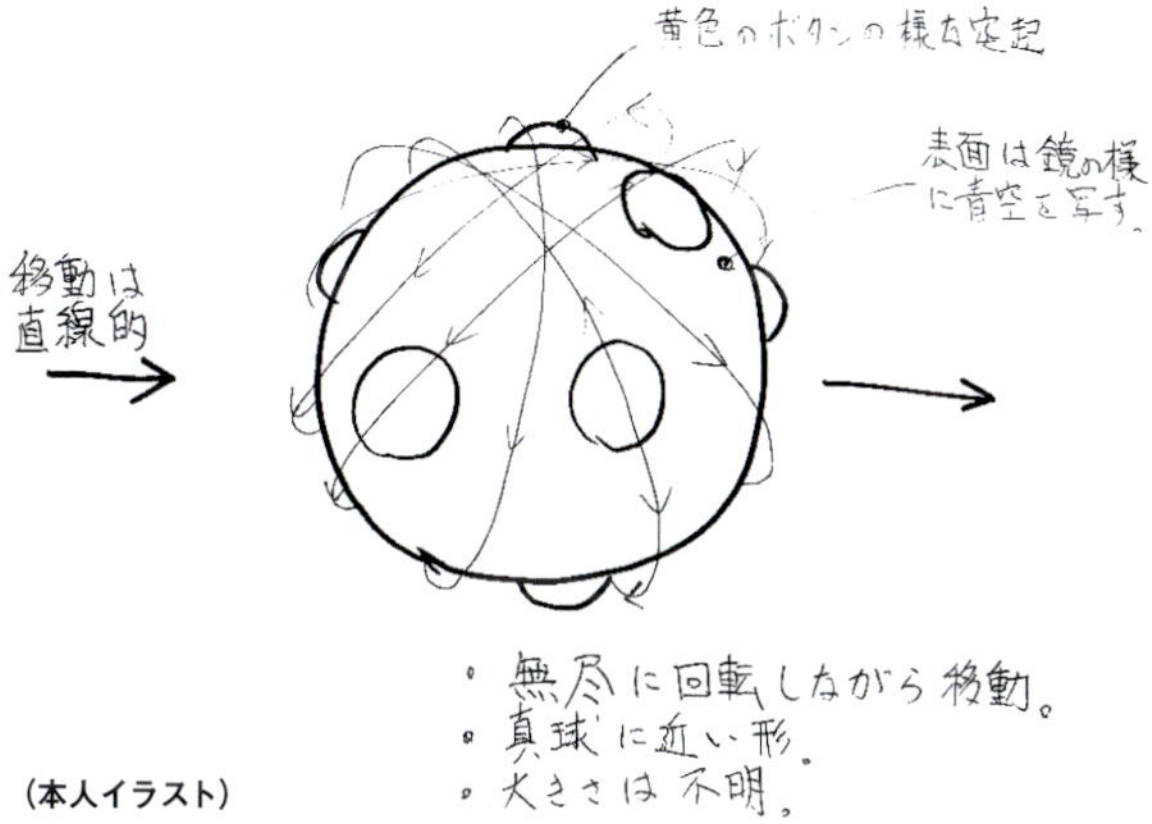
黄色のボタンの様な突起
表面は鏡の様に青空を写す。
移動は直線的
・無尽に回転しながら移動。
・真球に近い形。
・大きさは不明。

（本人イラスト）

（兵庫県・KATSUNOIYAMASHITAさん）

家ごとUFOにスキャンされた？

私が小学校4年生のときです。夜7時頃に1年生の妹と留守番をしていました。リビングでテレビを見ていると、テレビ側の壁の窓の外に違和感がありました。レースカーテン越しに見ると、外が真っ赤なのです。反対側の窓の外は何の異常もありません。

しばらくすると、その窓から室内が赤く染まっていきました。赤い光線が家を呑み込んでいくような感じです。私は、「どうしよう！　近づいてくる！」と、危機感と恐怖を感じました。

妹は恐怖で泣きながら私に寄り添ってきました。私は赤い光線に触れたら体が溶けると思いましたが、そのまま私の体に触れ、ゆっくりと通過していきました。窓の外はいつも通りになっていて、赤い光線はゆっくりと反対側の壁を通り過ぎていきました。

「ＵＦＯが空から地上を赤いレーザー光線でスキャンしていたのではないか」と思いました。最

（イメージ）

近、妹に確認してみると、赤いものが迫ってきて怖かったことを覚えていました。

（東京都・ないとぅーさん・25歳）

部屋に2人の宇宙人？

私が小学校3～5年生頃、昼下がりに自宅の裏山の向こう側にUFOが斜めに突っ込んでいくのを見ました。そのときに急に眠たくなり、横になりました。すると人の気配がして、薄目を開けると、2人の宇宙人が私を見下ろしていたのです。

　そこで意識が遠くなり眠ってしまいました。再び意識が戻ると、今度は宇宙船の中の手術室のような場所で銀色のベッドに寝かされていました。2人の宇宙人が話をしているようです。身長は1・3メートルほどで、小学校高学年か中学校1年生の体に成人の白人男女の顔がついているような感じで、体にぴたっと張りついた銀色の宇宙服姿で、銀色のベルトをしていました。

　彼らと目が合った瞬間、また意識が遠くなって眠ってしまいました。気がつくと私は部屋で昼寝をしていました。夢の中の体験とは違い、リアルな体験だったと確信しています。

（高知県・ショウコウさん・51歳）

睡眠中に天井から光線が下りてきた

今から29年前、広島県庄原《しょうばら》市に住んでいた頃、友達の間でUFOの話が盛り上がっていました。私は見たことがないので、毎夜、外に出て夜空を見上げ、「UFOを見れますように」と念じていました。

　1986年8月26日、夜2時過ぎのことです。うとうとして夢を見ていると、体がグラグラと揺れだし、ウォウォとサイレンのような音が聞こえてきたので、目を開けました。

　すると、天井が透けて青色か緑色の光線が下りてきていたのです。体は押さえつけられている感じで、声も出ません。光線の先には顔が見え、笑っているようでした。

　私は「連れていかれる」と直感し、「絶対行かない」と心の中で念じました。そして宇宙人と思われる者と心の中でやりとりをしました。

　「迎えに来たよ」と宇宙人が言うので、「確かにUFOを呼んだけど、そっちには行かない」と言いました。宇宙人は「君が先に呼んだんだよ。だから、一緒に行こうよ」と言うので、「本当にごめんなさい。でも絶対に行かない」と言ったら、あきらめたのか、光線が消え、天井は元に戻っていました。

私は全身がしびれたままで、体を動かせず、そのまま眠りにつきました。近くで寝ていた母はまったく気づいていないようでした。

（徳島県・ＹＡＮＯっちさん・44歳）

ベッドのそばにグレイが!?

２０１１年のことです。夕方、体調を崩して寝ていました。ふと部屋の中に自分以外の誰かがいると感じ、目が覚めました。兄が帰宅したのかと思いましたが、静かすぎます。不審者なら、静かにしてやり過ごそうと思い、様子を見ました。すると、急に部屋の違和感がなくなりました。

おかしいなと思い、ベッドの端に目を向けた瞬間、そこに顔があったのです。大きな目、白っぽい灰色のゴムのような質感の肌。

「グレイだ！　作り物っぽくて、本当に気持ち悪い！」と思いました。

（イメージ）

怖さよりも、生気を感じない機械っぽさに驚きました。そのまま至近距離でお互いに観察し合っていたように思います。記憶はそこで途切れています。

気がつくと、時計の針が1時間ほど進んでいました。その後、救急車を呼びたくなるほどお腹が痛くなり、まったく眠れませんでした。数日間は体調が悪い状態が続きました。

でも、それ以来グレイに遭遇したことはありません。もし今度会ったら、直接触って感触を確認したいと思います。

（東京都・ガンムシさん・25歳）

九十九里浜に現れた宇宙人は
ヤリイカ型アンドロイドだった！

「THE FACT異次元ファイル」は初回に千葉県九十九里浜で起きたUFO・宇宙人遭遇事件を取り上げ、大きな反響を呼んだ。そして、そのあとに大川隆法総裁によるリーディング（霊査）が行われた（大川隆法著『THE FACT異次元ファイル』所収）。

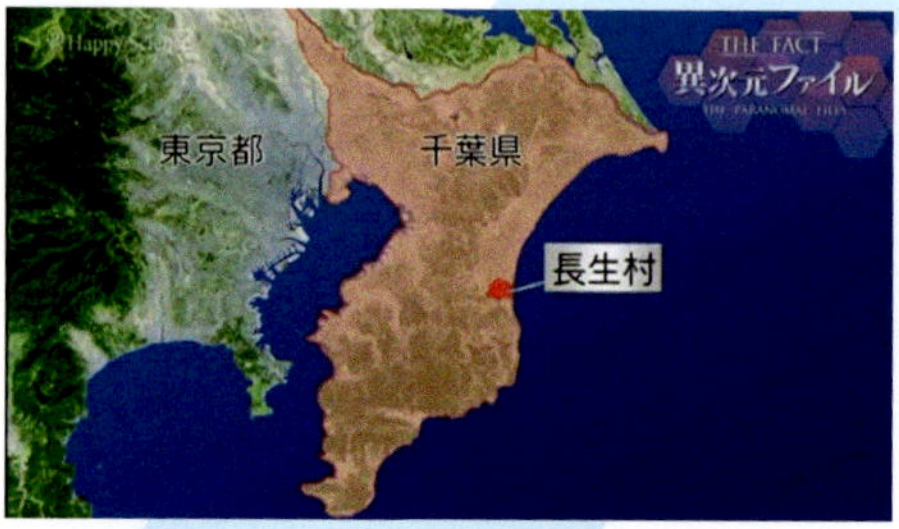

白く輝くヒトのかたちをしたもの

２０１０年８月25日22時頃。男女の学生６人が千葉県長生村の九十九里浜を訪れ、空中を飛び回るＵＦＯを目撃。やがて物体は数を増し、怖くなった６人は車に戻ると、信じがたい光景に遭遇する。

「東京ドームか何か光る物体がいきなり現れたんです」（Ｎさん）

海の彼方に白い光が出現したのだ。しかし、それだけでは終わらなかった。ヒトのかたちをしたものが現れた。

「首から下が蛍光灯のように真白く光っていて、ちょうど目のあたりが赤く光っていた」とＮさん。ヒト型のものは恐るべき速さで近づき、２００～３００メートル手前に迫っていた。６人は恐怖のあまり、車を発進させてその場を立ち去った。彼らが見たものはいったい何だったのか。

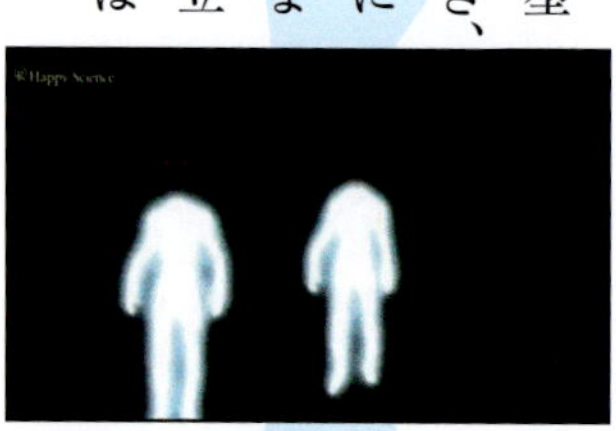

（イメージ画像）

大川隆法総裁がリーディング

「THE FACT異次元ファイル」でこの内容が伝えられると、急遽《きゅうきょ》、大川隆法総裁によるリーディングが執り行われた（2015年2月20日）。

「今日は、技術的には、『タイムスリップ・リーディング』と、おそらく、『リモート・ビューイング（遠隔透視）』、それから、『マインド・リーディング』、あるいは、もし異星人と話ができるなら、『ミューチュアル・カンバセーション（相互会話）』、このあたりを組み合わせて調べてみようかとは思っています」（大川隆法総裁）

タイムスリップ・リーディングとは、時間をさかのぼって当時を読み取る能力。リモート・ビューイングは、空間を超えて状況を透視する遠隔透視だ。マインド・リーディングは相手の心の内を読み取る能力であり、ミューチュアル・カンバセーションはリーディングの中で相手と会話する能力、これらの霊能力を駆使して、九十九里浜で起きた事件の真相が明かされていく。

次々と明らかになる宇宙人の実態

「マッコウクジラの頭のような、大きくて丸い隆起物のようなものが、海からせり上がって出てきているのが、私には視《み》えます」

大川隆法総裁がタイムスリップして見たものは透明モードで、空を飛ぶUFOを回収する母艦だった。直径60メートル、格納能力が50機。この母艦は月の裏側にある中継基地から地球に来るための中継母船だと判明した。

さらに白く光る宇宙人の正体は、

「アンドロイドの一種だと思います。（中略）今、見えている形は、グレイ型とは少し違うように思

われます。（中略）どちらかと言うと、うーん……、ヤリイカが立っているような姿に近い感じですね」（大川隆法総裁）
　イカのように足が多く、歩行時は2本足に見えるようだ。歩く速度は時速50キロメートル。これ以外にも膨大な情報が明らかになった。詳しくは、全国の幸福の科学の精舎や支部でご覧いただきたい。

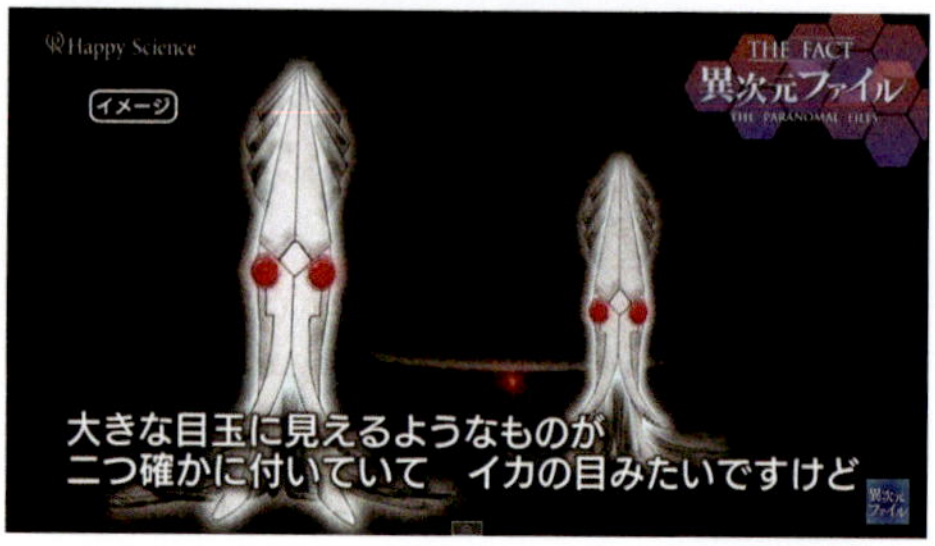

法話に呼応して現れたUFOフリート

　２０１０年から大川隆法総裁はリーディングなどを通して宇宙人に直接アクセスして、情報をとっている。宇宙人のほうもこの巨大な霊能力を察知しているのか、２０１０年12月4日、神奈川県・横浜アリーナで大川総裁が「世界宗教入門」と題して講演したあと、会場上空に百機ぐらいのUFOが出現した（左写真）。UFOフリート（艦隊）だ。横浜アリーナ前は一時騒然となった。

　後日、このUFOについて、大川総裁がリーディングで調べたところ、プレアデス、ベガ、ケンタウルスα、ウンモなどからなる惑星連合だと判明。大川総裁の法話に呼応して現れたという。

　今後、宇宙人が人類の目の前に現れる機会は多くなるだろう。実際、地球にはすでに惑星連合以外にもさまざまな宇宙人が来ているらしい。先の2月に行われたリーディングの際、大川総裁は次のように述べた。

「地球に来ている宇宙人の全種族を合わせると、（中略）たぶん五百種類ぐらいはいるのではないかと思われます」
　宇宙時代はすぐそこまで迫っている。

過去でも現代でも
アブダクションされた男

「THE FACT異次元ファイル」第４回にゲスト出演した、インターネット番組「THE FACT」キャスターの里村英一氏はグレイにアブダクションされた経験を持つ。宇宙人リーディングで明らかになった、その衝撃的な内容とは!?

里村氏のクローンが世界各地にいる？

里村英一氏（当時、月刊「ザ・リバティ」編集長）にアブダクション疑惑が生じたのは、２０１０年２月26日、「マヌの霊言」公開収録の場だった。

インドで人類の始祖として知られるマヌの霊は質問者の里村氏をさして、「今は地球人ですが、もとは宇宙人です」「あなたによく似た人を、私はいろいろな所で見かける」「複製がいるのでは？」「幼少時から、３回攫《さら》われている。退行催眠をかけたら、おそらく出てくる」と言う。

驚愕の内容に唖然としながらも、里村氏は退行催眠の手配をした。

退行催眠中に現われたグレイ

同年３月10日、里村氏は東京都内某所で退行催眠を受けた。その内容とは――。

小学校４年生の頃、宇宙船に連れ込まれた。船内には身長１・３メートル、明るい肌色をしたハート形の頭のグレイたちがいた。彼らは里村氏のクローンをつくるために精子を採取し、咽喉の奥に発信器を埋め込んだ、という。

彼らにとって里村氏は継続的な調査対象であるようだったが、それ以上は分からなかった。

宇宙人リーディングで鮮明化！

ところが、その後、偶然にも大川隆法総裁による宇宙人リーディングによってアブダクションの全貌が明らかとなった。

それによると、里村氏を誘拐したUFOはアダムスキー型円盤で、手術は別の母船内で行われていた。宇宙人はグレイタイプであるが、頭にハチのような薄い触角が2本出ていた。里村氏を調査対象に選んだ理由は、氏自身が情報に非常に敏感なので、情報収集に最適なためだという。里村氏の脳、両眼、両耳、咽喉にメモリー発信装置を埋め込み、里村氏が得る情報はすべて宇宙人が記録。クローン化の経緯も詳細が明かされた。

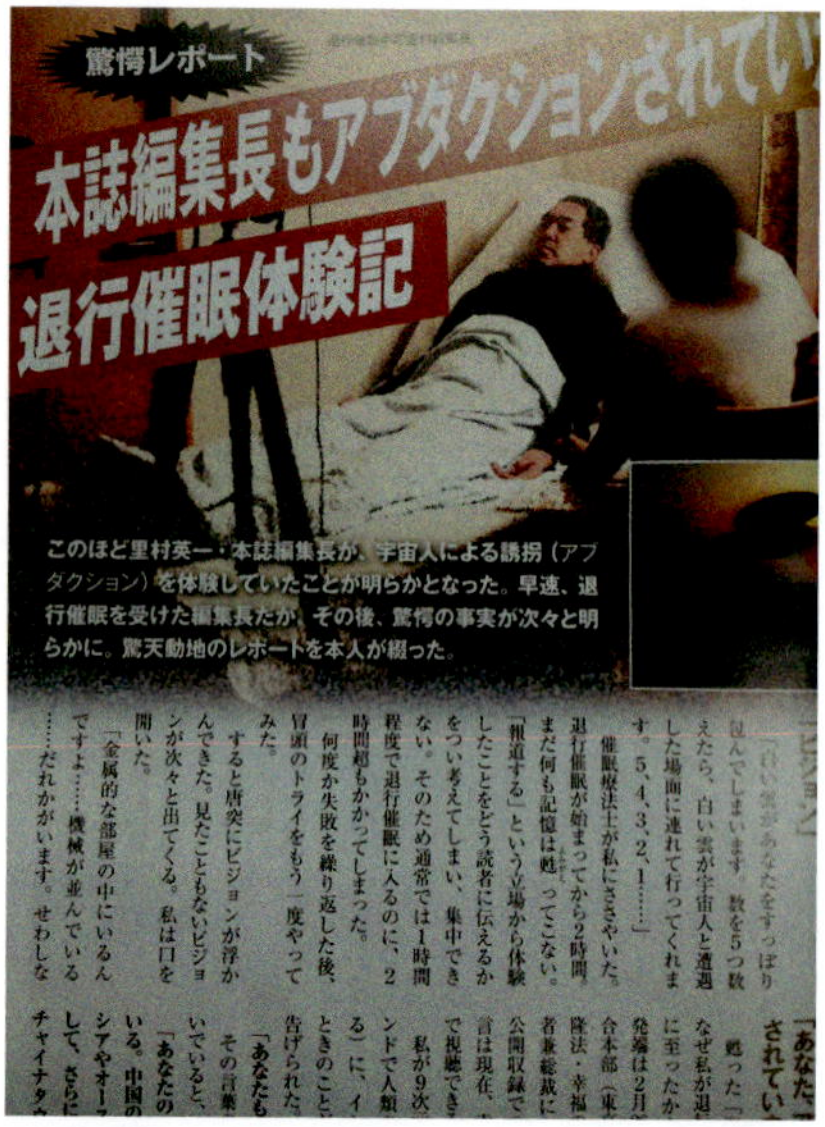
驚愕レポート

本誌編集長もアブダクションされてい

退行催眠体験記

このほど里村英一・本誌編集長が、宇宙人による誘拐（アブダクション）を体験していたことが明らかとなった。早速、退行催眠を受けた編集長だが、その後、驚愕の事実が次々と明らかに。驚天動地のレポートを本人が綴った。

包んでしまいます。数を5つ数えたら、白い雲が宇宙人と遭遇した場面に連れて行ってくれます。5、4、3、2、1……」

催眠療法士が私にささやいた。

退行催眠が始まってから2時間。まだ何も記憶は甦ってこない。「報道する」という立場から体験したことをどう読者に伝えるかをつい考えてしまい、集中できない。そのため通常では1時間程度で退行催眠に入るのに、2時間超もかかってしまった。

何度か失敗を繰り返した後、冒頭のトライをもう一度やってみた。

すると唐突にビジョンが浮かんできた。見たこともないビジョンが次々と出てくる。私は口を開いた。

「金属的な部屋の中にいるんですよ……機械が並んでいる……だれかがいます。せわしな

里村氏が綴った手記（月刊「ザ・リバティ」2010年6月号）

里村氏を誘拐したグレイ（イメージ図）

1965年に撮影された「アダムスキー型円盤」

さらに驚くべきは、里村氏に関する宇宙人情報だ。1万年前に金星から地球に来訪したというが、金星では、なんと酸性の海に棲む3メートルのイボガエル型宇宙人だったのだ（詳細は『宇宙人リーディング』に掲載）。

江戸時代でもアブダクションされた

また、リーディング中に、宇宙人は江戸時代にも里村氏を攫っていたことが分かった。当時、里村氏は「寅吉《とらきち》」と呼ばれた。平田篤胤《あつたね》の『仙境異聞《せんきょういぶん》』（文政５（１８２２）年）に登場する仙童寅吉だ。天狗に攫われたという話は宇宙人にアブダクションされた話だったのだ。

平田篤胤の『仙境異聞』を現代語訳した『江戸の霊界探訪録』には、寅吉が空を飛ぶくだりがある。

「（大地が）丸く見えますが、（中略）昇って見ると、だんだんに海川、野山の形状も見えず、むらむらとうす青く網目を引き延ばしたようにも見えます」と寅吉は語る。まるで「地球は青かった」と語った、世界初の有人宇宙飛行を遂げたガガーリンのようだが、これは１５０年前の話である。

さらに寅吉は大気圏を突破して、月面の「月の穴」（クレーター）やガス天体を直に見ている。宇宙人の協力なくしてはあり得ない体験だ。寅吉が上野で出会った怪しい老人が直径12センチの小壺に入り込んで空高く飛ぶのだが、この小壺は小型ＵＦＯだろうか。

また、寅吉は高さ60メートルの断崖の頂上付近に突き出た細長く薄い岩の上に置き去りにされ、恐怖のどん底を味わう。これは翻訳すると、空高く滞空する円盤内の手術台で味わっている恐怖で、寅吉は宇宙人に記憶操作されていたのではないだろうか。寅吉の物語は宇宙人体験記として読むと、いろいろな発見がありそうだ。

（イメージ図）

大川隆法著『宇宙人リーディング』（幸福の科学出版刊）

仙童寅吉

平田篤胤著、加賀義現代語訳『江戸の霊界探訪録』（幸福の科学出版刊）

昔、日本の空にはＵＦＯが飛び交っていた

仙童寅吉以外にも、昔から数多くの日本人がＵＦＯや宇宙人に遭遇していたようだ。

ＵＦＯ・宇宙人話が豊富だった日本

日本の古文献には宇宙に関連しそうなものが多数見られる。『古事記』には「天鳥船《あめのとりふね》」や「光る井戸から現れた尾の生えた人」が登場する。また縄文時代の遮光器土偶は宇宙服を着た宇宙人かロボットそのものを写し取ったように思える。

遮光器土偶

『聖徳太子伝暦《でんりゃく》』には、聖徳太子が空飛ぶ馬「甲斐の黒駒」に乗って飛行したという記述がある。

また、お伽話にも宇宙人体験を反映しているようなものがある。「浦島太郎」は宇宙人とのコンタクトあるいはアブダクション物語と考えられるし、「羽《は》衣《ごろも》伝説」で天女が天に昇る場面は、ＵＦＯから発される牽引ビームを思わせる。

『竹取物語絵巻』の「かぐや姫の昇天」（土佐広通、土佐広澄・画）

「竹取物語」はかぐや姫自身が宇宙人ではないだろうか。

江戸時代はUFOが頻繁に飛んでいた

江戸時代、江戸の空には多数の光り物が目撃されている。それらは流星や彗星とは別のもので、当時の文献は流星なら流星と明記している。また、江戸時代には、宇宙人らしきものとの遭遇事件もある（48ページ年表参照）。

「形は小児のごとくにて、肉人ともいうべく、手はありながら指はなく、指なき手をもて、上を指して立たるものあり」（秦鼎《はたかなえ》著、牧墨僊《ぼくせん》編『一宵話《ひとよばなし》』）

これは徳川家康が体験した話で、慶長14（１６０９）年に駿府《すんぷ》城で起きた。肉人は宇宙服姿の宇宙人に思える。

さらに江戸時代には海外のＵＦＯファンにも有名な事件がある。「虚舟《うつろぶね》の蛮女」事件だ。この事件は、江戸の国学者・屋代弘賢《やしろひろかた》の『弘賢《こうけん》随筆』や、『南総里見八犬伝』の滝沢馬琴《ばきん》が著した『兎園《とえん》小説』など、いくつかで紹介されている。

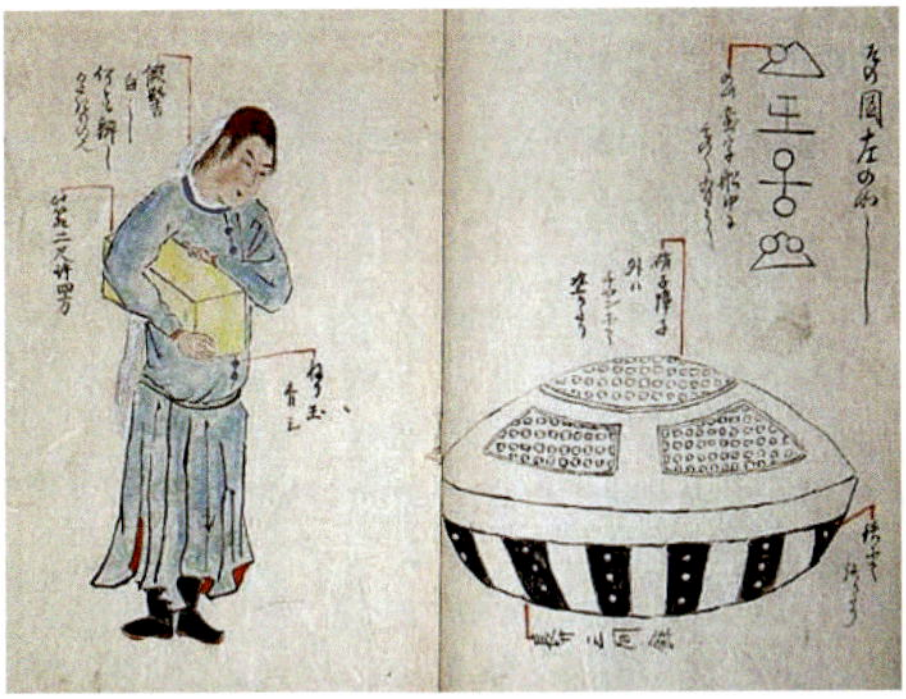

『弘賢随筆』の「虚舟の蛮女」（国立公文書館ホームページより）

享和《きょうわ》３（１８０３）年、常陸国《ひたちのくに》（茨城県）はらやどり浜という海岸に、宇宙船のような物体と異国風の美女が漂着した。馬琴によれば、物体は直径５・４メートル、上部はガラス張り、底部は鉄板。女性は19～20歳ほどで、60センチほどの箱を抱えて離さなかったという。長らく場所が特定できなかったが、２０１４年に漂着場所が現在の茨城県神栖《かみす》市波崎舎利《はさきしゃり》浜《はま》であることが判明。信憑性が高まっている。

「異次元ファイル」に登場するＵＦＯ研究家・高野誠鮮《じょうせん》氏が立ち上げた宇宙科学博物館「コスモアイル羽咋《はくい》」は石川県羽咋市に建つ。昔、羽咋市の北にある眉丈山《びじょうざん》の中腹に、「そうはちぼん」（シンバルのような仏具）に似た物体が飛び交ったという。かつての日本は今よりもはるかにＵＦＯ先進国で、ＵＦＯも現れやすかったのかもしれない。

UFO・宇宙人事件史

日本編【飛鳥時代～江戸時代】

日本にも飛鳥時代から江戸時代にかけて、
UFO・宇宙人と思しき記述の文献が多数ある。
その中から特徴的なものをセレクトした（日付は旧暦）。

推古4（596）年11月、法興寺（飛鳥寺）の落成時、上空に蓮の華のようなかたちの天蓋《てんがい》に似た物体が滞空し、色やかたちを次々と変化させ、飛び去った。（『扶桑略記《ふそうりゃっき》』）

舒明9（637）年2月、都の空を巨大な星が雷のような轟音を立てて東から西へ流れる。百済の学僧・旻《みん》が「これは流星ではなくアマツキツネ（天狗）ではないか」と指摘。（『日本書紀』『新補倭《しんぽやまと》年代皇紀絵章』）

天武11（682）年8月3日、大いなる流星あり。（『新補倭年代皇紀絵章』）

天武11（682）年8月5日、諸国で空を飛ぶ幡《はた》（旗）のような光り物が見られる。（『新補倭年代皇紀絵章』）

宝亀7（776）年2月6日夜、盆のような大きさの流星が飛ぶ。（『続日本紀《しょくにほんぎ》』）

貞観9（867）年11月30日、太陽の上に冠が現れる。（『新補倭年代皇紀絵章』）

長和4（1015）年7月8日夜、空に2つの大きな星が接近し、互いに小さな星を出し、小さな星は大きな星に行き戻りして、大きな星は飛び去る。（『御堂関白記《みどうかんぱくき》』）

延久3（1071）年2月4日夜、天に奇異な星が出現、雲に似ているが光っている。（『扶桑略記』）

延久3（1071）年3月17日夜、満月のような大光が東より西にわたる。（『扶桑略記』）

長治2（1105）年1月29日夜、天に光り輝く物があり、人々、これを見て驚く。（『中右記《ちゅうゆうき》』）

大治4（1129）年10月9日、大《おお》人魂が天をわたるところを万人が目撃。（『中右記』）

天福1（1233）年5月7日夜および12日早朝、太陽や月のような光が現われ、東の方角に飛ぶ。（『吾妻鏡』）

寛元5（1247）1月30日、北条時盛の館の後山に光り物が飛行する。（『吾妻鏡』）

宝治1（1247）5月18日夕方、鎌倉上空に光り物あり。西方より東天にわたり、その光はしばらく消えなかった。（『吾妻鏡』）

文永8（1271）年9月12日夜、日蓮が竜《たつ》の口《くち》（神奈川県藤沢市）で斬首されそうになったとき、江ノ島の方角から光り物が現われ、昼間のように明るくなり、役人は刀を投げ出してひれ伏した。（『種々御振《しゅじゅおふる》舞御書《まいごしょ》』）

貞和5（1349）年閏6月5日夜、南東と北西から電光が輝き出し、両方の光がぶつかり戦うように砕け散り、再び集まり、風が猛火を吹き上げるようだった。天地に光が満ちるなかに異類異形の者が見え、北西からの光が退き、南東からの光が進み出て、消える。（『太平記《たいへいき》』）

康安1（1361）年、周防（山口県東部）の海中から約60メートルの鼓《つづみ》のような物体が現れる。（『新補倭年代皇紀絵章』）

長禄2（1458）年3月17日、夕空に月を囲むように並ぶ5つの発光体が出現、色を変えて消える。（『後《ご》太平記』）

大永1（1521）年12月22日、東より西に光り物が飛ぶ。（『新補倭年代皇紀絵章』）

慶長14（1609）年3月4日、四角い月が出る。（『武江《ぶこう》年表』『新補倭年代皇紀絵章』）

慶長14（1609）年4月4日早朝、駿府城（静岡県）で徳川家康が四肢の指がない生命体と遭遇。**同日午後**、東西にどこまでも続く白雲が現れ、東のほうから消えていった。（『一宵話』『徳川実紀《じっき》』）

元和5（1619）年の夏から冬にかけて毎夜、京都東南の空に白気が現れる。かたちは牛の角のようで、長さは数十丈（100 ～ 200メートル）におよぶ。（『新補倭年代皇紀絵章』）

寛永7(1630)年12月23日、江戸で大地震。その夜、光り物がすさまじい音を立てて飛ぶ。(『武江年表』)

寛文1(1661)年1月19日夜、江戸で光り物が南より北へ飛ぶ。光り物は50メートルほど行く間に天は昼間のようになる。(『武江年表』)

寛文5(1665)年5月、房州《ぼうしゅう》(千葉県南部)の海中に怪光を放つ14～16メートルの大鮑《おおあわび》が見つかる。(『梅翁《ばいおう》随筆』『新著聞集《しんちょもんじゅう》』)

寛文6(1666)年3月26日、江戸で人の姿をした長さ6メートルの光り物が東方に飛ぶ。(『武江年表』『新補倭年代皇紀絵章』)

元禄3(1690)年3月3日、光り物が南東より北西へ飛ぶ。(『新補倭年代皇紀絵章』)

元禄3(1690)年11月1日夜、京都で光り物が東より飛来、同時に醍醐《だいご》の一寺《いちじ》が焼失。(『新補倭年代皇紀絵章』)

正徳4(1714)年11月11日、江戸で光り物が南東より北西へ飛ぶ。その音は雷のようで、震動する。(『武江年表』)

元文3(1738)年2月1日夜8時から10時頃、江戸で光り物が飛ぶ。(『武江年表』)

明和7(1770)年7月18日夜、京の町で炎を吹き出す菅笠のような火の玉が飛び、北山に音を立てて落下する。(『折折草《おりおりぐさ》』)

明和8(1771)年5月17日、江戸で光り物が飛ぶ。(『武江年表』)

天明8(1788)年4月11日夜、江戸で光り物が飛び、昼間のようになる。(『武江年表』)

寛政4(1792)年6月18日、江戸で笠くらいの大きさの光り物が西南から東北へ飛ぶ。(『武江年表』)

享和3(1803)年2月22日、常陸国(茨城県)はらやどり浜に虚舟と異国風の美女が漂着。(『兎園小説』『梅の塵』)

文化3(1806)年3月3日、江戸で西南より天火が東北へ飛ぶ。(『武江年表』)

文化4(1807)年2月14日日の出、江戸で東より西へ光り物が飛ぶ。(『武江年表』)

文化4(1807)年9月3日夕方、江戸で北東より南へ光り物が飛ぶ。その大きさは鞠のようで青みがあった。(『武江年表』)

文化9(1812)年4月、江戸・上野で少年寅吉、直径12センチの小壺に入って空を飛ぶ老人に遭遇。(『仙境異聞』)

文化10(1813)年11月9日朝、江戸で60センチほどの光り物が東から西に飛び、武州生麦村(神奈川県横浜市鶴見区)に雷のような響きを立てて落下、翼の生えた大きな野衾《のぶすま》のようなものが落ちていた。(『我衣《わがころも》』『武江年表』)

文化13(1816)年7月10日、江戸・両国上空に火炎のような青い光とそれを追う馬に乗った官人たちの姿が目撃される。18日にも同様のものが出現。(『我衣』『兎園小説』)

文政3(1820)年9月28日夜、江戸で光り物が飛ぶ。(『武江年表』)

文政7(1824)年8月15日夜、江戸で雨のなか、牛のような怪獣が2匹、北より南へ空中を飛行。雲の間から光り輝いて地を照らす。(『武江年表』『泰平《たいへい》年表』)

嘉永5(1852)年1月8日深夜、江戸で光り物が北西から南東へ飛ぶ。(『武江年表』)

嘉永6(1853)年6月3日、深夜から翌早朝にかけて、浦賀沖で4隻の黒船艦隊が奇妙な光り物を観測。(『ペルリ提督遠征記』)

文久2(1862)年7月15日夜、江戸で光り物が筋を引いて南西の方角へ飛び、深夜から早朝にかけてさらに盛んになり、人々が恐怖する。(『武江年表』)

単なるフィクションではなかった。

ハリウッドのＳＦ映画にも出ていた

リアル宇宙人情報

アメリカのＳＦ映画を見ると、そうとう多くの宇宙人情報が入っていると思われる。しかも、幸福の科学のリーディングで判明したものと比較検証してみると、その確度は非常に高いようだ。

スター・ウォーズ

この作品には、多様な宇宙人が登場するが、それぞれモデルがいそうだ。たとえば、「ホワイトナイト」と呼ばれるプレアデス星人は、ジェダイの騎士のもとになっていそうだし、ある星には、黒光りする蟻型宇宙人もいるらしく、ダース・ベイダーのモデルと思われる。

(1977年～)

プレアデス3番星人 想像図

アバター

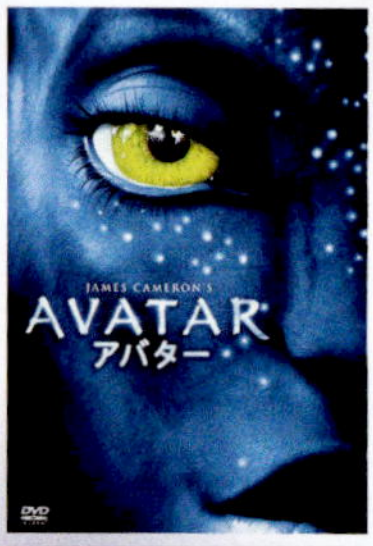

アフリカのドゴン族は、もとはシリウスの伴星の青いキツネの姿をした宇宙人で、レプタリアンに侵略されて地球へ逃げてきたという。「アバター」は、青い肌のナヴィ族が地球人に侵略されるという話だが、キャラクターも設定も妙にリアルだ。

(2009年)

ドゴン星人 想像図

エイリアン

（1979年～）

わし座のアルタイル星には、長い頭と恐ろしい顔をした宇宙人がいるようだが、これがレプタリアンと呼ばれるようになった本家本元の姿と思われる。「エイリアン」は、まさにこのレプタリアンそのものだ。

アルタイル星人 想像図

宇宙人ポール

（2011年）

グレイの正体はサイボーグで、レプタリアンの本拠地・マゼラン星雲ゼータ星などに、製造工場があるという。この作品では、グレイの姿をリアルに表現しているが、性格は実際とは異なり、フランクな感じになっている。

グレイ 想像図
（さまざまなタイプが存在する）

SUPER8

（2011年）

悪質なレプタリアンは、人間を食べるようだが、この作品にも宇宙人が人間を捕食する衝撃的なシーンが出てくる。

アイ・アム・ナンバー4

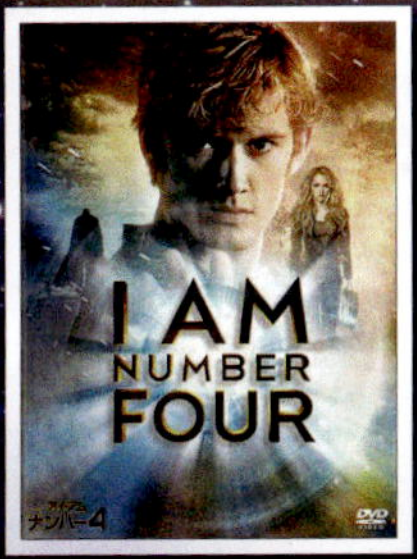

（2011年）

この作品は、ベガ星人の情報を基につくられているようだ。母星から送り込まれたトカゲ型の宇宙獣が、ビーグル犬に化けて主人公に近づき、危機のときには怪獣に変身して戦うのだが、これは状況に応じて変身するベガ星人の特徴そのものだ。

column

ハリウッドは、アメリカ政府と裏でつながっている!?

ハリウッドの映画関係者は、アメリカ政府から宇宙人の情報提供を受けているという噂がある。政府は、人々が宇宙人と遭遇したときにパニックを起こさないように、事前に情報を流し、宇宙人ものの映画をつくらせているというのだ。

メン・イン・ブラック

（1997年～）

ＵＦＯや宇宙人の存在を隠すため、黒いスーツの男が現れて目撃者の記憶を消していく――。アメリカの都市伝説を題材にした映画と言われているが、幸福の科学の霊査によると、こうした組織は実在するようだ。

幸福の科学の映画の

UFO・宇宙人総復習

幸福の科学はこれまでも最先端のUFOや宇宙人の情報を映画の中で公開してきた。ここでまとめてそれらのシーンを振り返ってみよう。

大川隆法総裁　製作総指揮の映画

1994
「ノストラダムス戦慄の啓示」

1997
「ヘルメス――愛は風の如く」

2000
「太陽の法」

2003
「黄金の法」

2006
「永遠の法」

2009
「仏陀再誕」

2012
「ファイナル・ジャッジメント」

2012
「神秘の法」

PROFILE

製作総指揮　大川隆法

幸福の科学グループ創始者兼総裁

1956年（昭和31年）7月7日、徳島県に生まれる。東京大学法学部卒業後、大手総合商社に入社し、ニューヨーク本社に勤務するかたわら、ニューヨーク市立大学大学院で国際金融論を学ぶ。81年3月に大悟し、人類救済の大いなる使命を持つ「エル・カンターレ」であることを自覚する。86年、「幸福の科学」を設立。現在、全国および全世界に数多くの精舎を建立し、精力的に活動を展開している。説法回数は2300回を超え、また著作は27言語以上に翻訳され、発刊点数は全世界で1900書を超える。また、メディア文化事業として、映画「UFO学園の秘密」など、すでに9作の劇場用映画の総指揮を執る。幸福実現党、幸福の科学学園中学校・高等学校、HSU（ハッピー・サイエンス・ユニバーシティ）の創立者でもある。

朝日新聞社主催・朝日ベストテン映画祭
読者賞第1位

NOSTRADAMUS

ノストラダムス　戦慄の啓示

THE TERRIFYING REVELATIONS OF NOSTRADAMUS

家畜を襲う、悪質なレプタリアン。正体がばれないよう、人間の姿に化けていることもある。

レプタリアン、葉巻型ＵＦＯが登場！

16世紀のフランスの予言者ノストラダムスの霊言をもとにした異次元体験スペクタクル映画。

大川隆法総裁が説く圧倒的な霊界情報に基づいて、「生まれ変わりの仕組み」や「地球規模での天変地異のメカニズム」などが明かされる。

未来予言として、ＵＦＯが現れ、宇宙人が人々の前に姿を現すシーンも！この映画が20年以上も前の作品であることは衝撃だ。

宇宙連合に属すると思われる宇宙人が現れ、悪質なレプタリアンを追い払う。

本映画の公開上映が終了した約1週間後、阪神・淡路大震災が発生。高速道路が倒れ、このシーンが現実のものに。

軍の施設と思われる所にＵＦＯが降りてくる。

朝日新聞社主催・朝日ベストテン映画祭
読者賞第１位

太陽の法
エル・カンターレへの道

全世界で累計１０００万部を超える大ベストセラー『太陽の法』（大川隆法著）の壮大な世界観を映像化。

宇宙と人類の誕生、さらにはムーやアトランティスなど、神秘のベールに包まれていた過去の文明が描かれる。

なかでも驚きなのは、人類には地球で創造された者もいるが、他の星から移住してきた者もいるということだ。あなたの身近にも、遠い昔に他の星から来た宇宙人がいるかも……。

金星では文明実験が……!?

宇宙の誕生
400億年前

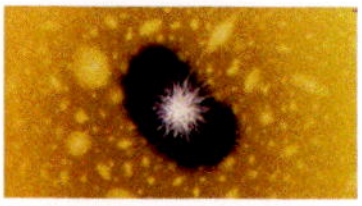

大宇宙霊の内部で、いわゆるビッグバン現象が起きる。

金星での文明実験
55億〜10億年前

太陽系で初めて生命が誕生したのは、金星。金星人は素晴らしい文明を築いたが、火山が大爆発したため、他の星へ移住する。

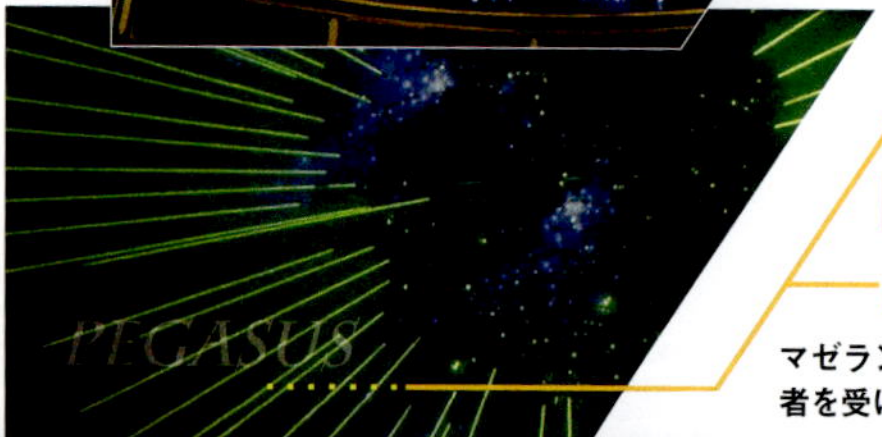

地球人の創造
6億年前

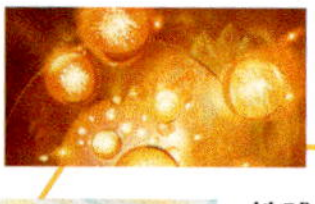

地球の神は、金星人の魂を呼び寄せ、彼らに再生のパワーを与え、地球起源の人霊をつくる。さらに物質化現象を起こし、地球人の人体を創造した。

他の星からの移住
3億数千万〜1億数千万年前

マゼラン星雲ゼータ星をはじめ、オリオン座やペガサス座から移住者を受け入れる。やがて彼らも、地球人として生まれ変わっていく。

FILM 08 2012.10 ROADSHOW

第46回ヒューストン国際映画祭
「劇場用長編映画部門」最高賞
「スペシャル・ジュリー・アワード」

日本アニメ史上
初の快挙!

神秘の法
The Mystical Laws

宇宙人は地球人に技術供与している!?

神秘をメインテーマとしながら、政治的なメッセージも込められた近未来予言映画。

そのストーリーは、「202X年、東アジア共和国でクーデターが発生し、帝国ゴドムが誕生。日本や周辺国を侵略していく」というもの。

本作では、地球を守ろうとする友好的な宇宙人も登場する。現実世界では、地球人と宇宙人の関係はどこまで進んでいるのだろう。

地球人に変身した宇宙人が地球人に技術提供する。その最新技術を手に入れたゴドム軍は新兵器を開発し、日本を侵略する。

主人公の前に現れた金星人が、帝国ゴドムの秘密を告げる。金星人は、宇宙連合の一員で地球を守ろうとしていた(※)。

ベガ星人も宇宙連合の一員で、実はかつて金星から分かれた人たちだった。彼らの協力を得ながら、主人公は帝国ゴドムに立ち向かう。

帝国ゴドムの侵略に乗じて地球侵略を狙っていたレプタリアンたちは、宇宙連合に宇宙協定違反を指摘され、しぶしぶ引き揚げる。

世界中で上映!

アメリカをはじめ、イギリス、台湾、インド等、世界9カ国でも劇場上映。また、台湾、ネパール、ウガンダ等ではテレビ放映もされた。

※金星には、他の星に脱出せず、金星霊界に留まった霊たちもいる。劇中に登場する金星人は、霊体が物質化した姿である。

UFO・宇宙人・霊界キーワード

NASA 01

「アメリカ航空宇宙局」のこと。地球における最先端の宇宙開発機関。UFO や宇宙人ともすでに接触していると言われている？

アポロ計画 02

NASA による、人類初の月への有人宇宙飛行計画。1969 年、アポロ 11 号のアームストロング船長とオルドリン飛行士が初めて月面着陸に成功して以降、合計 6 回にわたって 12 人の宇宙飛行士を月面に送った。

月の裏側（ダークサイド・ムーン） 03

地球からは見えない「月の裏側」のこと。アメリカ等が探索を行っているが、未だ謎が多く、一部の情報では、ＵＦＯや宇宙人の基地があるのではないかと言われている。

月の石 04

アメリカ合衆国の「アポロ計画」やソビエト連邦の「ルナ計画」によって地球に持ち込まれた月面の石。日本では、現在、国立科学博物館等で見ることができる。

05 プレアデス3番星

プレアデス七連星の一つ。教育や商業も盛んで発展しており、プレアデス連星の中でも、他の星との交流や移動が多く、他の星の文明との窓口のような役割を果たしている。

06 プレアデス5番星

プレアデス七連星の一つ。この星に住む人は、「美の求道者」であり、「美の使者」として地球に来る者もいるらしい。

07 ベガ

琴座の中で最も明るい恒星。地球よりも1000年以上進んだ科学技術を持っている。ベガの教えの特徴は、「温和」と「調和」、そして「変化」である。

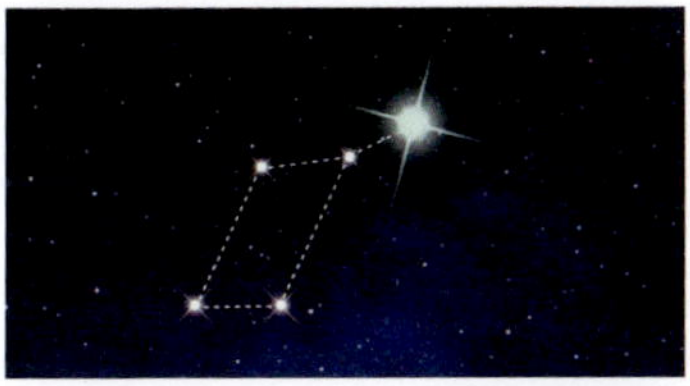

08 アンドロメダ銀河

地球から約230万光年の距離にある渦巻き型の銀河。肉眼で見える最も遠い天体。私たちの天の川銀河に近づいており、約40億年後には衝突合体すると見られている。

ケンタウルスα星 09

ケンタウルス座の中で最も明るい恒星。そこに住む宇宙人は、外見は“直立歩行する猿”のイメージ。実学思考で、「科学技術」等に興味を持っている。

ウンモ星 10

地球から約14～15光年の場所にある星。乙女座にある「ウォルフ424」という星ではないかと見られている。ウンモ星人は、地球上では北欧系の金髪の人に似た姿をしていると言われるが、実際は、ハチに足が8本ついたような姿をしている。

マゼラン星雲 11

南半球の空に見られる小さな銀河。大マゼラン星雲（写真左）と小マゼラン星雲（写真下）からなる。マゼラン星雲のゼータ星は、レプタリアンの本拠地の一つ。

レプタリアン 12

宇宙人の中で爬虫類類似の獰猛な種族。翼竜型やワニ型など、その種類はバラエティに富んでいる。地球の進化・発展に協力しているが、覇を競っている者もいる。また、悪意を持って地球人に近づいている者もいる。

信仰レプタリアン 13

「自分は神によって創造された子孫であり、神につながる心がある」という信仰を持ち、光の神に帰依《きえ》したレプタリアンのこと。

14 ブラックホール

強大な重力のために、物質、光ともに脱出することが不可能な天体。巨大なものは、星をも吸い込んでしまう。

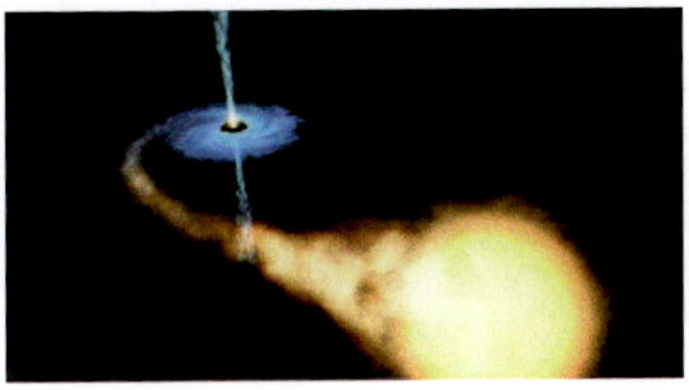

15 裏宇宙

宇宙は、表側・裏側の二重構造になっていて、その裏側の部分。宇宙にあるマイナスのエネルギー（ダークマター）を吸い込んでできたのが裏宇宙。そこには、マイナスのエネルギーでつくられた世界が展開している。

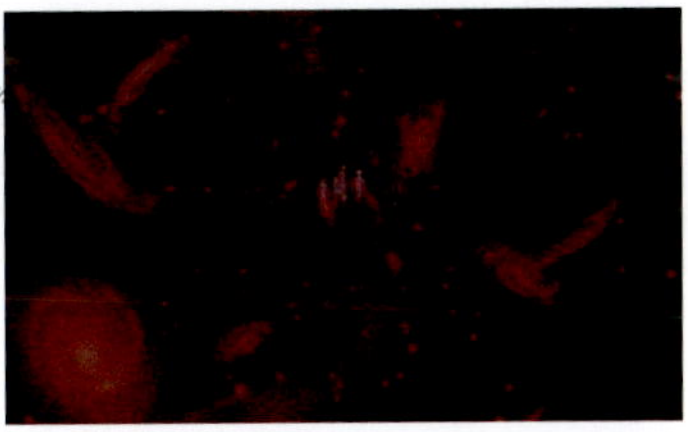

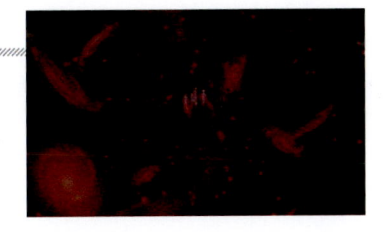

16 悪質な宇宙人

宇宙の邪神を信奉したり、他の星を侵略しようとしたりする宇宙人。

17 宇宙の邪神

裏宇宙に潜む、悪質な宇宙人が信奉している闇の存在。地球の地獄界にいるサタン（ルシフェル）も、この邪神の指導を受けている。

18 サタン

七大天使と呼ばれる高級霊の一人だったが、地上にサタンという名で生まれたとき、欲にまみれ堕落した。死後も天上界に還ることができず、地獄界の帝王となって地上の人間に悪影響を及ぼしている。ルシファーとも言われる。

UFO 19

未確認飛行物体。宇宙空間を飛行するものもあれば、この世とあの世を行き来するものもある。

アブダクション 20

何らかの方法で、宇宙人に誘拐されること。世界各地で、被害に遭ったという報告が相次いでいる。

グレイ 21

アーモンド型の目をした、小型の宇宙人。さまざまな星の人たちに使われており、アブダクションにもかかわっていると思われる。

牽引ビーム 22

壁やドアなどの物理的障害を超えて、照射した対象を引きずり出すことができる宇宙技術。4次元ワームホールをつくる力がある。

チップ 23

宇宙人がアブダクションした人間の体のどこかに入れる極小型の機械。これを通してモニタリングしたり、テレパシーを送って操ったりすることもある。チップ自体はCTスキャンにも映らないため、現在の地球科学では取り除けない。

24 退行催眠

対象者の過去の記憶を紐く催眠療法。アブダクションされた人は、宇宙人に記憶を消されることが多いが、退行催眠によって初めて、アブダクションされた事実が判明することがある。

25 テレパシー

強い思念を発することで、言葉を使わずに他者とコミュニケーションをとること。宇宙人の交信手段の一つ。

26 ウォークイン

地球に来た宇宙人が睡眠状態において体外離脱をし、生きている人間の体に入り込むこと（一種の憑依）。その人の体験を自分の体験として学べるので、調査目的や、地球人として生まれ変わる練習として行われている。

27 宇宙時代

地球人が宇宙人と交流する時代。今はまだ、宇宙協定により、直接的な関与はされていないが、地球の文明がその時期に達したら、宇宙時代がやってくる。

28 宇宙協定

宇宙人は、他の星に行き来することはできても、その星の文明・文化を破壊したり、変化させたりしてはならないという協定。ただし、その星が自ら滅びようとするときはその限りではない。

29 宇宙連合（惑星連合）

悪質な宇宙人から、地球を守ろうとする星々が結んでいる同盟。愛と平和を大切にしており、ベガやプレアデス、ケンタウルスα星など、主に8つの星から構成される。

霊界 30

人間が死後に赴くあの世。肉体を捨てて魂が還る世界のこと。実在界とも言い、4次元以降の多次元宇宙となっている。心の状態に応じて、還る場所が決まる。

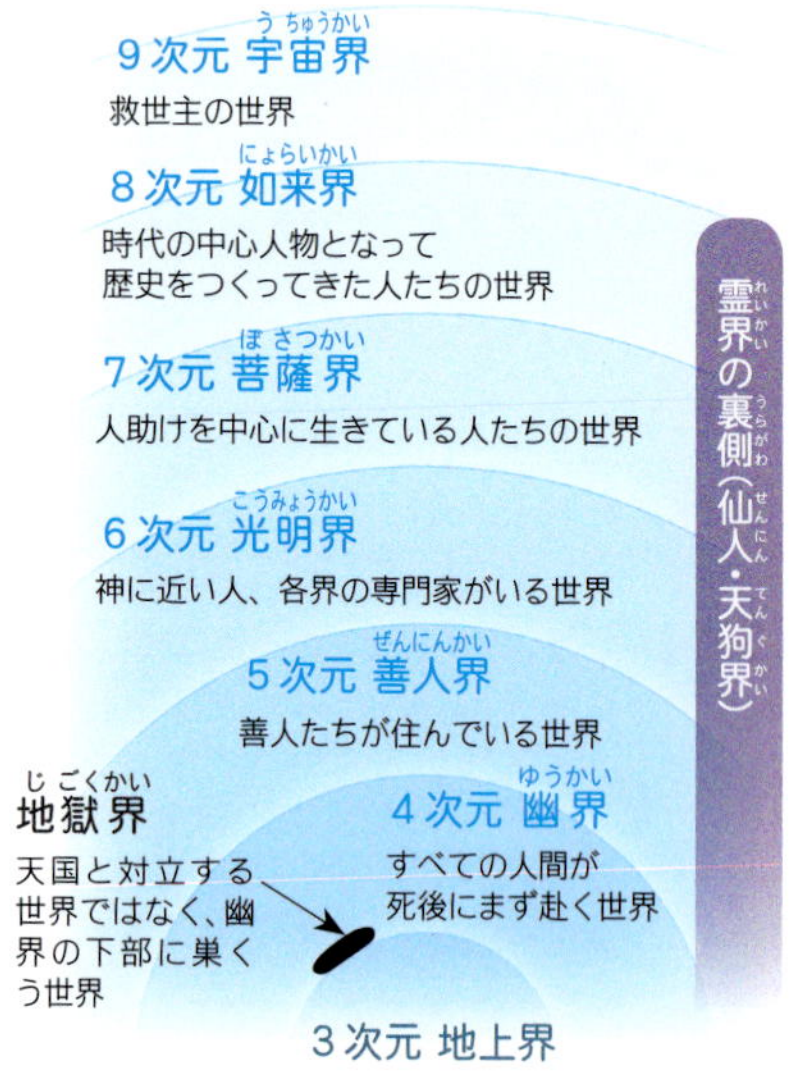

霊的磁場 31

霊とは、目に見えない意識のこと。その一定の意識が集まってできる場所が霊的磁場。かつてのギリシャやエジプトにも一定の強力な磁場があった。

波長同通の法則 32

心の波長が同じ者同士はつながることができるが、波長が合わないと、はじき合うという普遍的な心の法則。

転生輪廻 33

天上界とこの世の間で繰り返し生まれ変わること。人間はその過程において、さまざまな経験を積み、魂の向上を目指している。

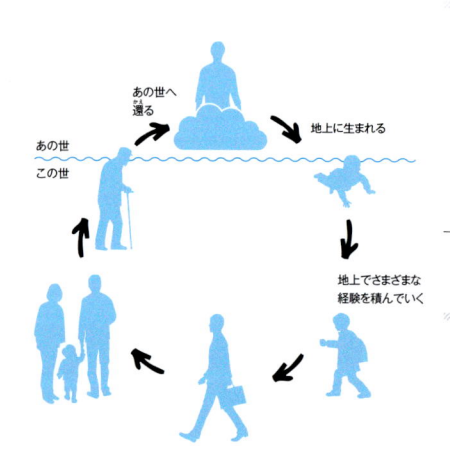

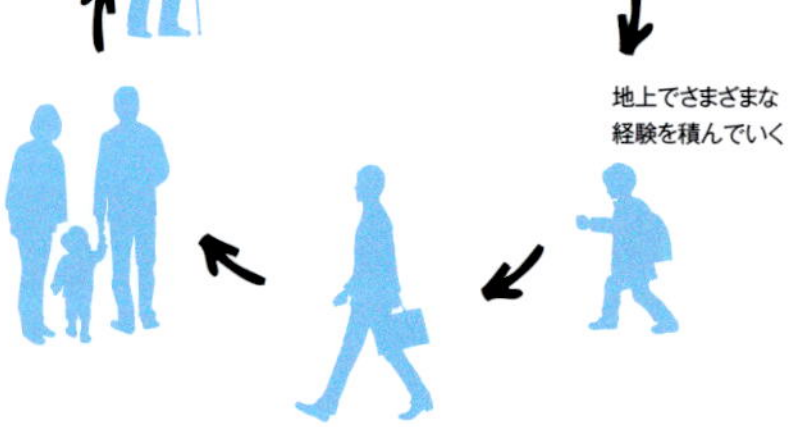

前世・今世 34

前世は、転生輪廻において、過去、生まれていたときの人生のこと。過去世とも言う。今世は、転生輪廻において、現在ただ今、生まれてきている人生のこと。

35 霊的宇宙

三次元的に見える宇宙ではなく、根本仏（宇宙の創造主）が創った多次元の空間の宇宙。人の魂は、その想念の状態により、それぞれの宇宙とつながっている。

36 魂

肉体に宿っている霊的なエネルギーであり、人間の本来の姿。人間として肉体を持っている場合は、心とも呼ばれる。あの世に還ると、肉体を捨て、魂だけの存在となる。

37 魂の親

人間の魂をはじめ、万象万物を創造した存在。根本仏とも呼ばれる。

38 根源の光

大宇宙の始原の神（光の神）である根本仏から、宇宙に発されている光エネルギーのこと。

39 暗黒のエネルギー

裏宇宙に蔓延しているマイナスのエネルギー。光の神が発するエネルギーの対極にあるもの。

宇宙MAP

本書に登場する主な星々の
位置関係を示した。

※光年数は、太陽からの距離を表す。
※星座の距離は、便宜的に太陽とα星の間の距離で表す。
（『特別版 宇宙人リーディング─多様なる宇宙人編─』〔幸福の科学刊〕、国立天文台ホームページ参照）

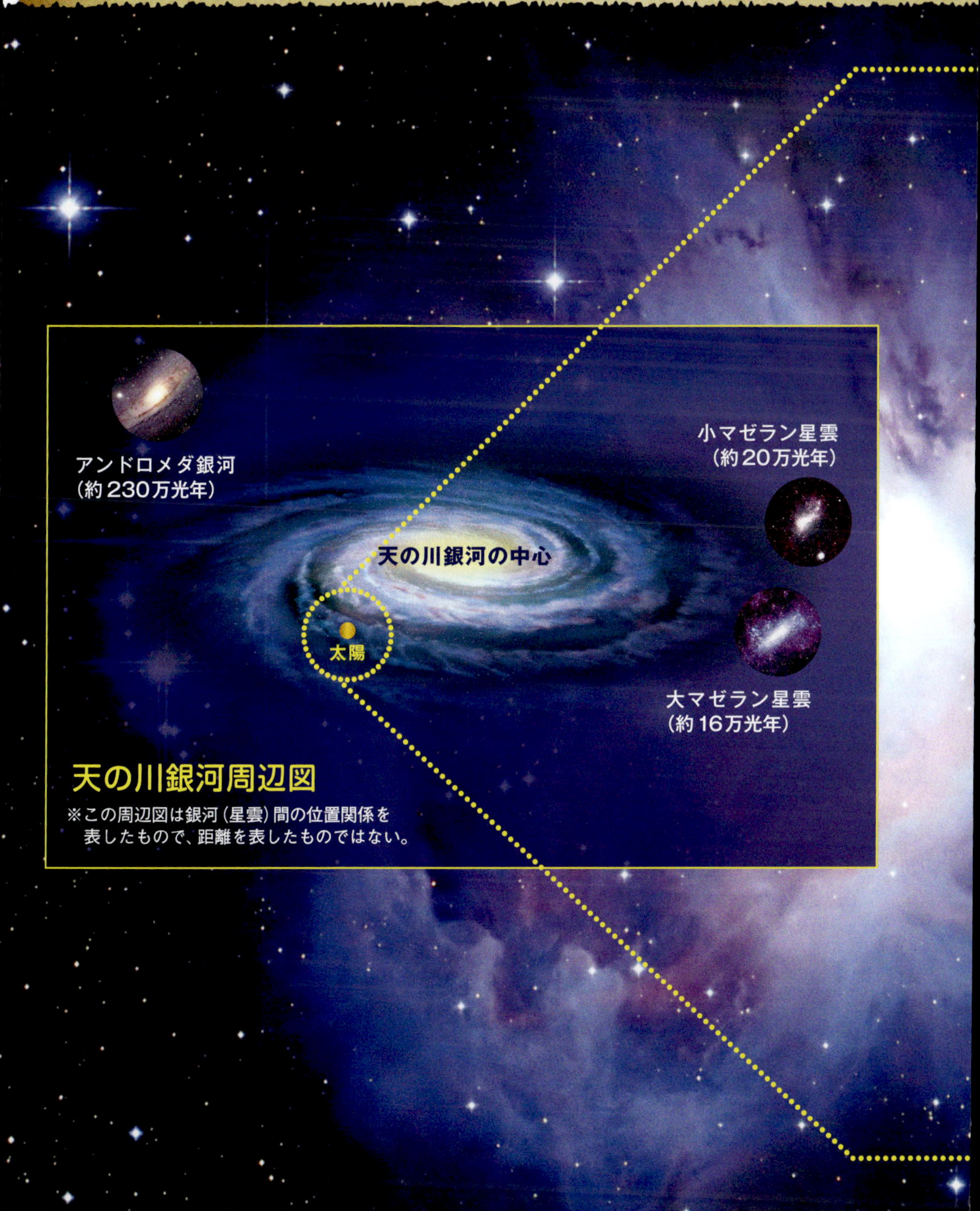

天の川銀河周辺図

※この周辺図は銀河（星雲）間の位置関係を
表したもので、距離を表したものではない。

Chapter 2

“宇宙体験”映画
「UFO学園の秘密」

2015年秋、全国一斉ロードショーされる
映画「UFO学園の秘密」の魅力を紹介。

「お姉ちゃんはいつも成績がいいから
私の気持ちなんか分かんないのよ！」

全寮制進学校で事件発生！

STORY

01

豊かな自然に囲まれたナスカ学園は、全国でも珍しい男女共学の中高一貫全寮制進学校。独自の教育システムで優秀な学生を輩出している。

　学園生のレイとアンナ、タイラ、ハル、エイスケは、チーム・フューチャーを結成して「探究創造科」の課題に取り組もうとしていた。

　そんなある日、ハルの妹ナツミが倒れる。彼女は姉には言えない秘密を抱えていて……。

「天才塾ぅ？
またベタなネーミングの塾だな」

「頭が大きくて目が黒くて大きい……やだ、怖いっ！」
「残念ながら、今の地球の科学ではどうにもならない」

未知なるものとの遭遇。

STORY

02

ナツミは、ある日を境に、夜うなされたり、無意識に林の中を彷徨《さまよ》っているなど、不安定な状態が続いていた。

彼女の身に何が起きたのかを探るべく、アンナは学校に秘密で知人の夜明優に相談する。夜明は、ナツミに退行睡眠を行い、彼女の記憶を繙《ひもと》いていく。

すると、ナツミが宇宙人にアブダクション（誘拐）されていたという衝撃の事実が判明した！

「この宇宙のすべての出来事には意味があり、
すべての存在には、大いなる意思が込められている――」
UFO FILE

「自分たちはチーム・フューチャーの〝ミッション〟を見ているって」

地球には複数の宇宙人が存在する。

STORY

03

レイたちは、夜明の話を聞き、探究創造科の授業の研究テーマを「UFOと宇宙人の実在」に決める。

夏休みに入り、宇宙人に関する資料を集めて、発表の準備を進める「チーム・フューチャー」を、さらなる事件が襲う。

ナツミのアブダクションに関係する情報を突きとめようと、一人で行動を起こしたタイラを、謎の光が包み込み——。

「世界ではUFOに関する研究が国家レベルで行われているなかで我が国はまさにUFO後進国です」

STORY

04

チームの発表を妨害するのは誰？

夏休みが終わり、3日間にわたるナスカ学園の文化祭が始まった。

文化祭初日、いよいよ探究創造科の研究成果を発表するときがきた。しかし、レイたちの発表が目前に迫るなか、準備していた研究データが何者かによって奪われてしまう！

仲間たちが見守るなか、レイは一人壇上に向かう。そして、UFOや宇宙人が実在することを必死に訴え始めた——。

「学園に潜入しているレプタリアンの仕業《しわざ》だ」

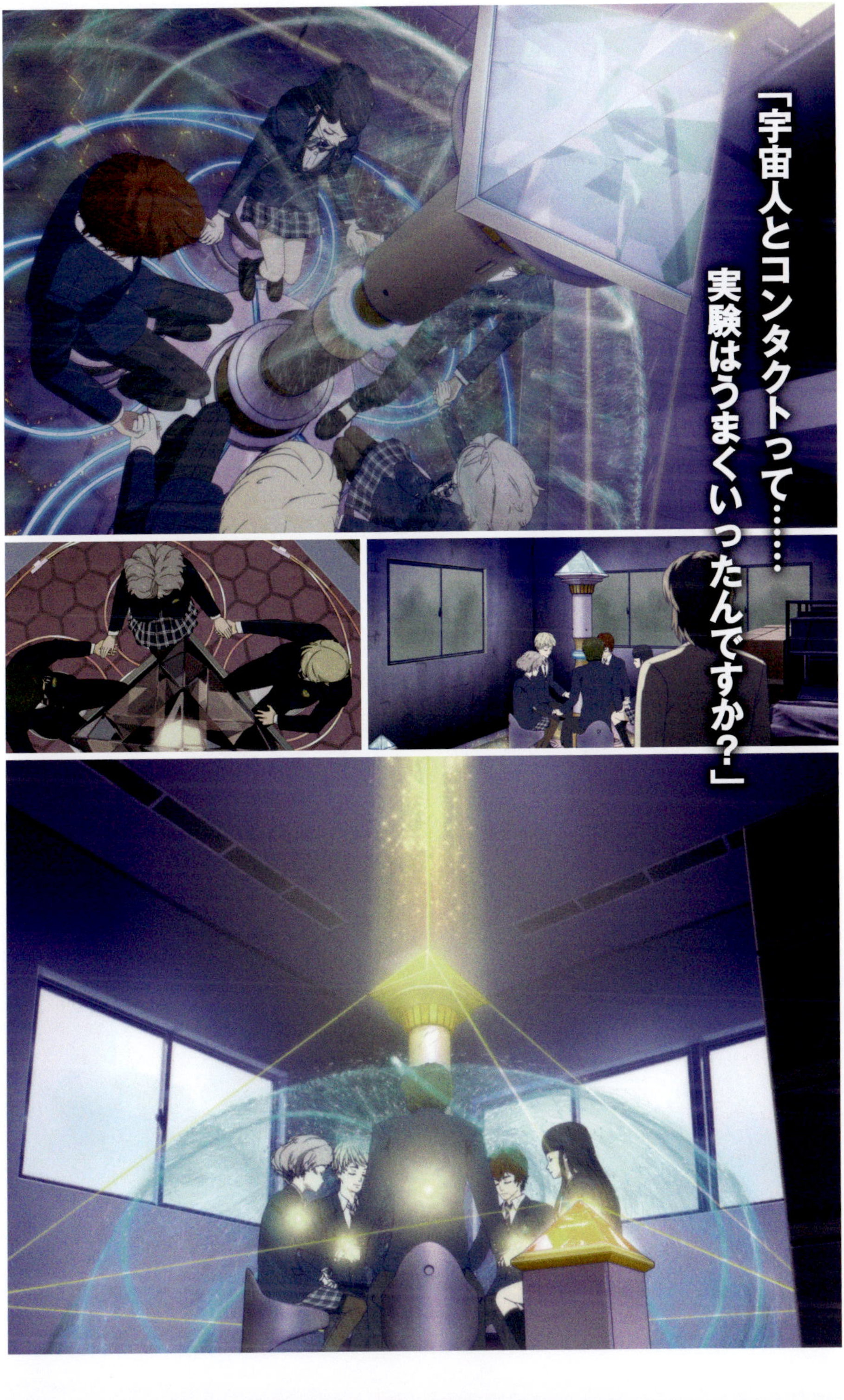
「宇宙人とコンタクトって……
実験はうまくいったんですか？」

「目に見えるものさえ
信じられないの？」

「大切な意味があるような気がする。
地球だけの……大切な意味が」

登場人物紹介

ナスカ学園を舞台に展開する「UFO 学園の秘密」では、５人の主人公をはじめ、個性的なキャラクターたちがたくさん活躍する。彼らの人間関係や作中では描ききれなかったパーソナルな情報をのぞいてみよう。

キャラクター相関図

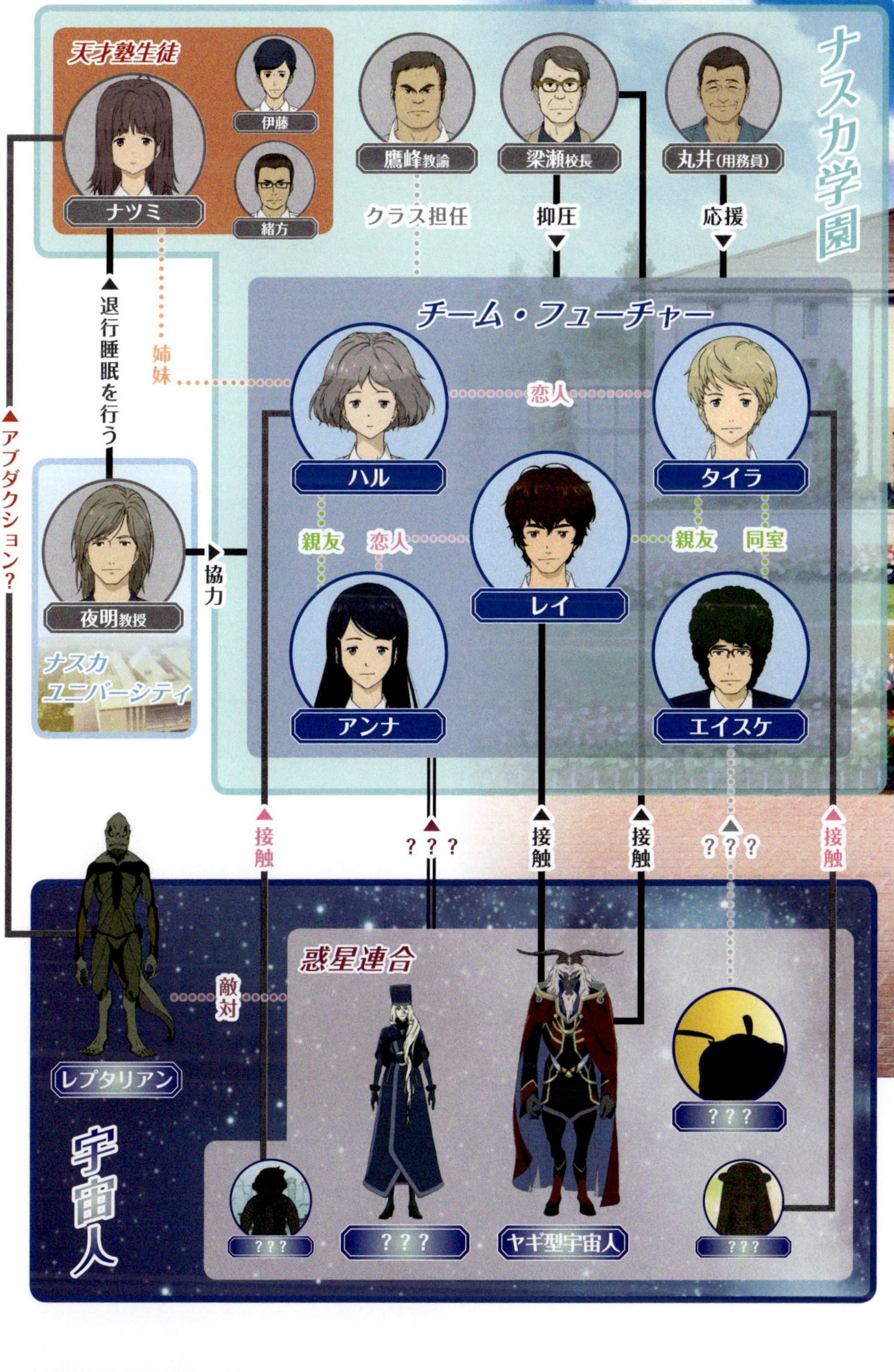

ナスカ学園
天才塾生徒
伊藤
緒方
ナツミ
鷹峰教諭
梁瀬校長
丸井(用務員)
クラス担任
抑圧
応援
退行睡眠を行う
姉妹
アブダクション？
チーム・フューチャー
ハル
タイラ
恋人
レイ
親友
恋人
親友
同室
アンナ
エイスケ
夜明教授
協力
ナスカユニバーシティ
接触
？？？
接触
接触
？？？
接触
宇宙人
惑星連合
敵対
レプタリアン
？？？
？？？
？？？
ヤギ型宇宙人
？？？

「UFO目がけて突っ込んでやるよ！」

Ray

レイ

PROFILE

血液型	O型
身長	174cm
体重	64kg
家族構成	父（警察官） 母（専業主婦） 弟（小学1年）
趣味	スポーツ全般
特技	早食い
委員会	体育委員
所属	剣道部
得意科目	体育
苦手科目	物理
好きなもの	白米、肉
苦手なもの	RPG、細かい作業、 女の子の涙、コーン
将来の夢	自衛官

ナスカ学園学生証

生徒氏名 天城 零

よみがな あましろ れい

CV. 逢坂良太

クラス 2年1組 1番

誕生日 4月30日（牡牛座）

NAZCA ACADEMY

負けず嫌いな熱血漢。難しく考えるより、思い立ったら即行動するタイプ。家族や友人にはそっけない態度を取るが、心の底では深い愛情を抱いている。

Check 1

家族を守るため、自衛官を志す！

スポーツ万能で身体能力も高いレイ。幼い頃、テレビの戦隊ヒーローに憧れ、「正義が悪をこらしめる」という世界観に快感を覚えるようになった。警察官である父親の影響から、将来は、自分の家族や大切な人たちを守るような仕事に就きたいと考えている。実家に帰ると、10歳離れた弟の面倒をよく見てあげる優しい兄としての一面も持っている。

細かい作業や小難しいことは苦手だが、勝負事は負け知らず。運動神経もよく、体育祭などでは大活躍する。

Check 2

彼女への態度は、けっこうクール？

アンナと付き合い始めたばかりのレイ。親友タイラに、「彼女とデートしないの？」とつっこまれた際は、「お互い忙しいし、学校で毎日会ってるんだから、別にあらためて出かける必要ないじゃん」と言って、クールな反応を示す。二人の関係性は、まだ友人の頃とあまり変わっていないのかも？

アンナに早食い競争をたしなめられる。

エイスケから見た レイ

レイはですねぇ、自覚がないかもしれないけど、漫画に出てくるヒーローみたいなスタイルなんすよ～。スポーツ系の少年漫画とかに、いそうでしょ？ぜったいコスプレしたら似合うと思うなぁ。ああ、完全プロデュースしたい!!

なんだよそれ…

ある日の二人

レイ＆タイラ

レイ：はぁ～、今日は部活で動きまくったから、腹へったーー

タイラ：はっ？ さっき夕飯食べたじゃん！

レイ：いや、もう消化した。焼き鮭だったし、あれじゃ全然足りない。

タイラ：まあ、明日の朝まで我慢しろよ。今食べると太るぞ 笑

レイ：そうだな。明日の朝食も俺が勝つ！

タイラ：いやいや、明日は俺が勝つでしょ

「私たちでナツミちゃんを守りましょ！」

Anna

アンナ

PROFILE

血液型	A 型
身長	160cm
体重	48kg
家族構成	母（銀行員）
趣味	読書
特技	板書 （キレイな字で書ける）
委員会	生徒会 副会長
得意科目	世界史
苦手科目	音楽
好きなもの	苺、犬、推理小説
苦手なもの	虫、 手間をかけたオシャレ
将来の夢	ハッキリとは分からない

ナスカ学園学生証

生徒氏名　水瀬 アンナ

よみがな　みなせ　あんな

CV.　瀬戸麻沙美

クラス　2 年 1 組 25 番

誕生日　8 月 1 日（獅子座）

勝ち気でおせっかい。几帳面な性格で、物事はまず計画を立ててから進めたいタイプ。あまり社交的ではないが、心を許した相手にはわりと尽くす。

Check 1

生徒会副会長として活躍中

自分の意見を素直に表明できるのは、アンナの最大の魅力。

生徒の自由な発想と積極的な行動を重視するナスカ学園では、生徒会活動もかなり活発に行われている。そんななか、生徒会長を支えつつ、自身も積極的に発言する副会長のアンナは、生徒だけでなく教員からも一目置かれている。困っている人や悩んでいる人がいたら放っておけず、すぐにおせっかいを焼いてしまう根っからのリーダー気質。しっかり者で、誰からも頼りにされるアンナだが、ほんとうは、強くてたくましい人に守ってもらいたいという願望があるのかも……？

Check 2

手間をかけたオシャレは苦手

アンナは幼い頃に父親を亡くして以来、中学から寮に入るまでは、遅くまで働いている母親に代わって、家事を任されていた。同級生の友達と一緒に遊んだりする機会が少なかったので、手間をかけたオシャレは、興味があるけど苦手……。

私服はTシャツと動きやすい素材のパンツスタイルが多い。大好きな「クマさん」のグッズを愛用している。

レイから見たアンナ

アンナは生徒会とかで頑張ってたり、クラスのみんなにも頼られてたりして、すごいなって思ってる。あと、いつも姿勢がよくて、背筋を伸ばして前を向いてるところが、なんかいいなって。あ、本人には言わないで。

どこ見てんのよ！

ある日の二人

アンナ&ハル

アンナ：ハル〜、明日レイと買い物に行くことになったんだけどぉ><

ハル：おめでとう！ よかったね♪

アンナ：ダメだよ！ 急過ぎて着ていく服どうしたらいいか分かんないよぉ〜泣

ハル：アンナはスタイルいいから何でも似合うんじゃないかな？

アンナ：いや、そんなことないんだけど……

ハル：ヘアアレンジもいろいろできそう！

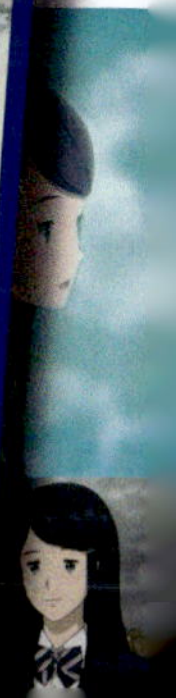

「死ぬなよ、お前……
バカだから……」

タイラ

PROFILE

血液型	A型
身長	172cm
体重	54kg
家族構成	父（大手企業の部長） 母（着付けの先生） 姉（6歳年上）
趣味	カラオケ
特技	球技全般、暗記
委員会	美化委員
所属	帰寮部（元バスケ部）
得意科目	数学
苦手科目	国語（特に現代文）
好きなもの	オシャレ、勝気な女の子
苦手なもの	人前で目立つこと、 暑さ・寒さ、ギャル
将来の夢	サッパリ浮かばない

ナスカ学園学生証

生徒氏名 日下部 大空

よみがな くさかべ たいら

CV. 柿原徹也

クラス 2年1組 9番

誕生日 3月5日(魚座)

一見、飄々《ひょうひょう》としているが実は内面は繊細。外見も頭もよく、何でもそつなく器用にこなせる。熱くなれるものが何も見つからないのが密かな悩み。

Check 1

熱くなれることが見つからない……

成績もよく、見た目もかっこいいタイラ。たいていのことは何でも器用にこなせる反面、特別な情熱を持って何かに取り組むということがほとんどない。ハルと付き合っているけれど、二人の仲を取り持ったアンナからは、彼女に対してあまり関心がないのでは？ と疑われる始末。でもほんとうは、誰よりも熱くなれることをずっと探している。

(↑) 二人はクラス公認の関係。
(←) ハルへのそっけない態度を、アンナに「女心が分かってない！」と指摘されてしまう。

Check 2

身だしなみには、かなりこだわりがある

母親が着付けの先生をしており、姉も美人でオシャレが大好きなので、タイラも幼い頃から自然とセンスが磨かれた。中学から寮生活をスタートしたため、私服をあまり持ち込めなくなってしまったのが少し残念。

寮の部屋には、収納できないくらい大量の私服が。

ハルから見たタイラ

タイラって、実はすごくきれい好きなんです。掃除のときとか、よく見ると、すっごく隅々まで丁寧に掃除してて……。誰も見てないようなところでも、きちんとしてるっていうか、タイラのそういうところが好き、かな。

お、おう……

ある日の二人

タイラ&エイスケ

タイラ：なあなあ、昨日買った新しい漫画、貸してくれない？

エイスケ：え、どれ？ 12 冊あるけど。

タイラ：え、マジ!? どこにそんな金あんの？

エイスケ：ちっちっち！ なめんなよ。俺、プロだぜ？

タイラ：前から気になってたけど、お前っていったい何のプロなわけ？

エイスケ：おっと、そいつぁ言えないなあ

「大丈夫？ナッちゃん」

Halle

ハル

PROFILE

血液型	O型
身長	158cm
体重	47kg
家族構成	父（公務員） 母（パート） 妹（中学3年）
趣味	読書（特に文学作品や精神世界の本）
特技	絵を描くこと
委員会	飼育委員
所属	茶道部 兼 合唱部
得意科目	生物、美術
苦手科目	数学、体育
好きなもの	きれい好きな男の子
苦手なもの	雷、苦いもの、スプラッタ
将来の夢	人には言えない

ナスカ学園学生証

生徒氏名　森下　春花

よみがな　もりした　はるか

CV.　金元寿子

クラス　2年1組26番

誕生日　5月11日（牡牛座）

おとなしそうに見えて、実は、夢を強く心に抱いている情熱的なロマンチスト。意外と好みがはっきりしており、苦手な人とは距離を置くタイプ。

Check 1

想像力が豊かで、絵を描くのが得意

幼い頃から小説をたくさん読んで育ったので、想像力が豊かでロマンチストなハル。神話や物語の世界、美しい風景などを絵に描くのも得意。夏休みのある日、宇宙人にアブダクションされた際も、大きなホワイトボードに星座やUFO、宇宙人の姿などをかなりリアルに描いてみせ、チーム・フューチャーのみんなを驚かせていた。ちなみに、妹のナツミも絵が上手。

宇宙人との遭遇の様子を持ち前の画力でリアルに描き出す。

Check 2

まさかの一目ぼれ!?

入学以来、ずっとタイラへの恋心を誰にも打ち明けず秘めてきたハル。最初は、真面目な自分が、チャラっぽい男の子を好きになってしまった事実に戸惑い、挙動不審になっていた。明らかに様子がおかしかったので、親友のアンナに問い詰められ、自分の気持ちを打ち明ける。アンナの協力で、タイラと付き合うことになった今も、彼のちょっとした仕草や表情にドキドキが止まらない。

タイラのことが大好きなハル。ちょっとしたことでもやきもちを焼いてしまうのが悩み。

アンナから見たハル

ハルはとにかくカワイイ！　物静かでふわっとしてて、私にはない魅力がたくさんつまってる自慢の親友♪　でも、あんまり人のことばかり気にしてないで、ときには自分の素直な気持ちを口に出しなよね！

恥ずかしいよ…

ある日の二人

ハル＆タイラ
ねえ、明日アンナとレイがデートするんだって♪
ハル
ふ～ん、そうなんだ
タイラ
アンナがね、どんな服着たらいいか分かんない！って相談してきて 笑 かわいいよね (*^_^*)
ハル
そうだな
タイラ
私たちも、明日どこか出かけない？
ハル
じゃあ４人で出かけよっか！
タイラ

「だんだん秘密が解けてきたぞぉ！」

エイスケ

マンガ、アニメ、超常現象オタク。マイペースで単独行動も多いが、人情に篤いところもある。主役を支えたり引き立てたりする脇役キャラが好き。

PROFILE

血液型	AB型
身長	175cm
体重	62kg
家族構成	父（単身赴任） 母（パート） 姉（大学２年） 妹（小学５年）
趣味	ネットサーフィン
特技	偵察
委員会	図書委員
所属	写真同好会（ユーレイ）
得意科目	英語、社会全般
苦手科目	体育、全体朝礼
好きなもの	マンガ・アニメ全般 超常現象の本、紅茶
苦手なもの	早起き、力技、コーヒー
将来の夢	具体的な職業はまだ不明

ナスカ学園学生証

生徒氏名 風間 永介

よみがな かざま えいすけ

CV. 羽多野渉

クラス 2年1組 7番

誕生日 9月23日（天秤座）

Check 1

好きなことにはとことんはまるマイペース人間

学校の敷地内に自分だけの“秘密基地”をつくっているなど、全寮制にもかかわらず、かなり自由な生活を満喫しているエイスケ。決められたスケジュールをこなすだけの毎日では物足りず、自分の好きなことに没頭して一日を過ごしたいタイプ。夜な夜なネットサーフィンして、世界中から超常現象の情報を集めるのが趣味。そのため、よく授業に遅刻してしまう。

（↑）寮は二人部屋なので、あまり物を置かないようにしている。
（←）チーム・フューチャーの仲間を招待した、自慢の秘密基地。

Check 2

女子にもフレンドリーに接することができる

自他ともに認めるアニメ・漫画オタクのエイスケ。もちろん“嫁”は２次元にいる。単身赴任の父親とは年に数回しか会えず、母・姉・妹の女３人に囲まれて育ったため、クラスの女子とも少女マンガや男性アイドルの話などで一緒に盛り上がれる。彼女はいないけれど、クラスには密かに彼のことを好きな女子が何人かいるらしい。

場を和ませようと、生まれる前に流行ったギャグを言い放ち、クラスのみんなを凍らせる。

タイラから見たエイスケ

クラスのみんなは、エイスケのこと「マイペースで変わったヤツ」って思ってるだろうけど、同室の俺からしたら、けっこう空気読むっていうか、大人だなって思う。まあ実際、変わってるんだけど……。

ま、褒め言葉だな

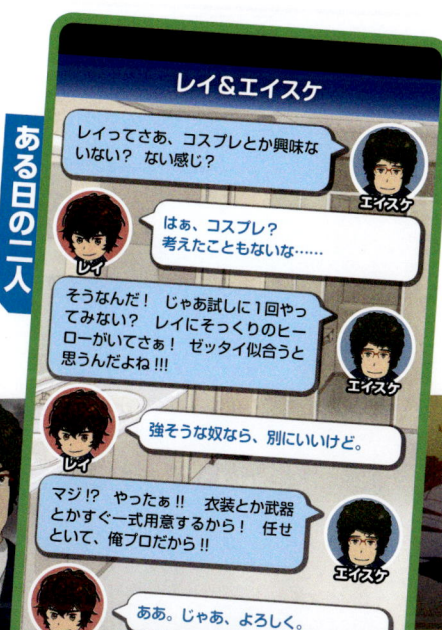

ある日の二人

レイ&エイスケ

レイってさあ、コスプレとか興味ないない？ ない感じ？

エイスケ

はぁ、コスプレ？

考えたこともないな……

レイ

そうなんだ！ じゃあ試しに1回やってみない？ レイにそっくりのヒーローがいてさぁ！ ゼッタイ似合うと思うんだよね !!!

エイスケ

強そうな奴なら、別にいいけど。

レイ

マジ!? やったぁ !! 衣装とか武器とかすぐ一式用意するから！ 任せといて、俺プロだから !!

エイスケ

ああ。じゃあ、よろしく。

レイ

「証明できないということは、存在しないことと同じではありません」

Suguru Yoake

夜明 優

PROFILE

血液型	AB型
身長	182cm
体重	72kg
家族構成	父（現役パイロット） 母（元CA） 妹（結婚して海外暮らし）
趣味	映画鑑賞、瞑想、 神社仏閣巡り
好きなもの	鉄道、詩を書くこと
苦手なもの	満員電車、現代アート

Nazca University ID card

宇宙科学部 教授

NAME 夜明 優（30）

Suguru Yoake
17.June (Gemini)

cv. 浪川大輔

研究熱心な天才肌。合理的な思考をする反面、感受性も豊か。数々の研究成果は、国内外から高く評価されており、若くして大学教授にまでなった。

「もう二度と私に近づかないほうがいいよ！」

ナツミ

Natsumi

几帳面な性格で、周囲の目を気にしがち。将来は絵を描く仕事に就きたいと考えているが、誰にも言えない。

PROFILE

血液型	A型
身長	152cm
体重	43kg
趣味	絵を描くこと（油絵で県展入賞）
所属	美術部
好きなもの	ショッピング
苦手なもの	競争すること、人ごみ、乗り物（酔いやすい）

ナスカ学園学生証

生徒氏名　森下　夏実

よみがな　もりした　なつみ

CV.　千菅春香

クラス　3年2組27番

誕生日　12月31日（山羊座）

NAZCA ACADEMY

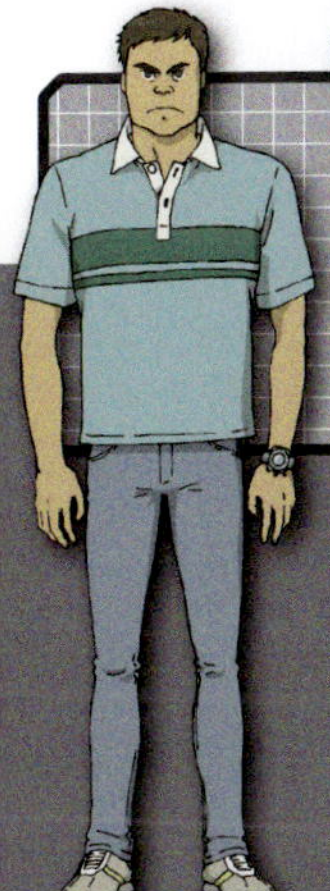

鷹峰《たかみね》

ナスカ学園の物理教師。無愛想なため、生徒からの人気は低い。元ナスカ学園の生徒で、夜明とは学生時代の同級生。

梁瀬《やなせ》　徳男《とくお》

ナスカ学園の校長。中堅校だった学園を進学校に押し上げた。責任感が強く、学園を守ろうとする並々ならぬ気概がある。

丸井《まるい》

ナスカ学園の用務員。今どきの話もできて、冗談も通じ、多少の校則違反なども大目に見てくれるため、生徒からの人気は高い。

UFO & STAR GUIDE

THE DARK SIDE OF THE MOON, PLEIADES, VEGA, CENTAURI, REPTILLIAN

宇宙には、地球と同じように知的生命体が住む星々も多く存在する。実際に、宇宙人と遭遇したチーム・フューチャーのメンバーが、その不思議な体験を語る。

THE DARK SIDE OF THE MOON
レイが見た！ 月の裏側

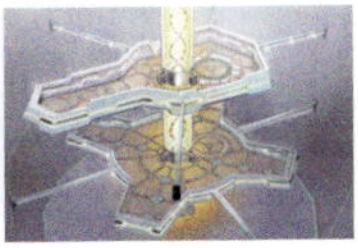

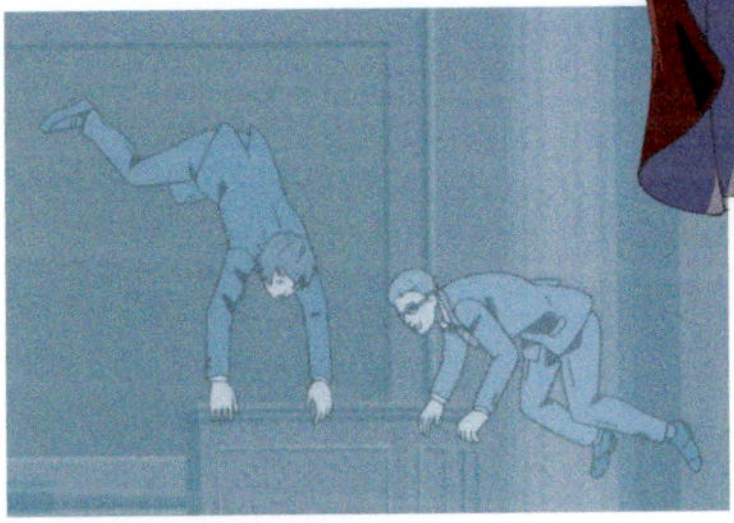

ヤギみたいな宇宙人

俺と校長先生がいきなりＵＦＯに吸い込まれた！ そこにいたのは、身長５メートルはありそうな巨大な黒ヤギ型宇宙人だった。レプタリアンではなさそうだが、表情がほとんど変わらないから、いい宇宙人なのか悪い宇宙人なのかは分からない……。

月面基地

普段、地球からは見えない月の裏側には、信じられないくらいたくさんの宇宙人と、その施設があった！ ヤギ型宇宙人が言うには、いい宇宙人も悪い宇宙人も、この月面に基地をつくっているらしい。俺たちが見た基地は、なんだかムール貝みたいな形の黒くて巨大な施設。なかにはどうやって入るんだろう……。

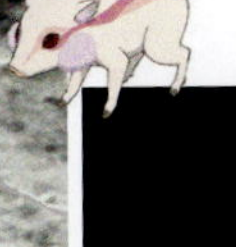

月の石

ヤギ型宇宙人が俺と校長に見せてくれた「月の石」。校長は、「子供のときに大阪万博で見たアレだー！」って興奮してたけど、地球の石ころとは何かが違うみたいだ。

PLEIADES5

タイラが見た！
プレアデス5番星

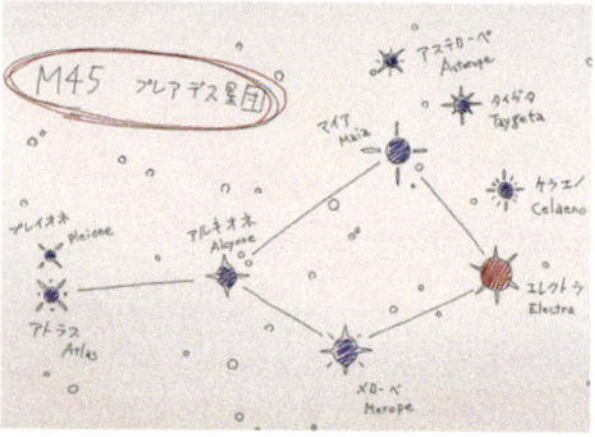

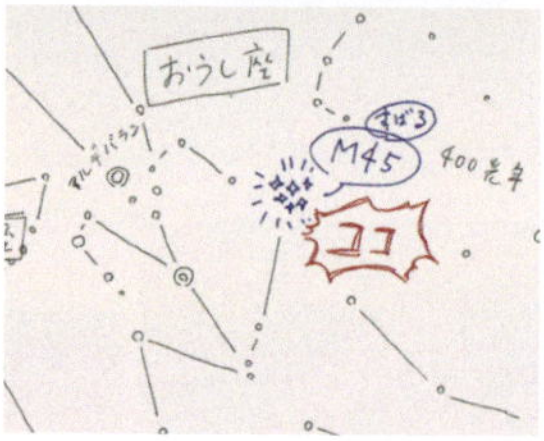

まさか俺まで!?

ある日、天才塾に通っている学生たちの怪しい会話を聞いてしまった俺。確たる証拠をつかむために、チームのみんなには内緒でその学生たちの跡をつけることにした。だけど、途中で見失ってしまう。俺が林の中を彷徨《さまよ》っていると、突然青白い光が……っ。必死で逃げる俺を、その光は的確に狙ってくる。そして、足が宙に浮いたかと思うと、ものすごい勢いで、体ごと空の上に引っ張られたんだ！

金髪の美女に遭遇！

気づいたら俺は、「プレアデス５番星」っていう星の宇宙船に乗せられていた。そして、目の前には、これまで見たこともないような金髪の美女が現れたんだ！ どうなってるのか分からないけど、美女は口ではなくテレパシーを使って、俺に「あなたにプレアデスを見せてあげましょう」と語りかけてきた。

霊界を通って航行

美女曰く、プレアデス５番星は、地球から400光年以上も離れた場所にあるらしい。そこには、なんと霊界を通って行くって言うんだ。これはＵＦＯの飛行原理を知る上で、とっても貴重な情報だと思わない？

PLEIADES3
エイスケが見た！
プレアデス
3番星

ウォークインって!?

人生17年の中で最大の衝撃！ 知らないうちに俺が宇宙人にウォークインされていただってぇえええっっ!? いったい何だって俺なんだよぉ～。

違和感のない姿？

俺たちがウンモ星人に連れてこられたのは、「プレアデス3番星」というところだった。緑が豊かで、まるで貴族のお城みたいな建物が建っている。プレアデス星人はとにかく美男美女ばかり。俺たちも、「ふさわしい服装」に着替える必要があるらしい。確かに、ナスカ学園の制服じゃあ、浮いちゃうよなあ。逆にコスプレみたい……って、俺、メガネの色まで変わってない!?

高貴なる義務

プレアデスの学校では、将来いろんな星のリーダーとして「高貴なる義務」を果たすための人材を育てる教育が行われているらしい。地球のエリート校なんて比べものにもならない、宇宙最先端の教育現場を見学させてもらっちゃったよ！

VEGA
アンナが見た！
ベガ

ベガの特性“変化”

私たちが訪れたベガという星は、とにかく不思議なところだったの。この星の特性は、一言で言うと“変化”。ベガの人々は、相手の心や記憶を読み取って、それに合わせた姿に変わることができるんだって。自分の姿形を、思いのままに変化させられるって、地球では想像もできないような能力よね！

目に見えないものを信じられる？

「地球では、UFOや霊界の話をすると笑われる。目に見える自分がすべてだと思っているんでしょう？」そんな問いかけに対し、すぐに否定できなかった私たち。もし、このベガでの出来事がほんとうなら、UFOはあるかとか、宇宙人がいる決定的な証拠はあるのかとかで議論している場合じゃない！ 私たちはもっと目に見えないものに対して、心を開かなきゃいけないんだわ。

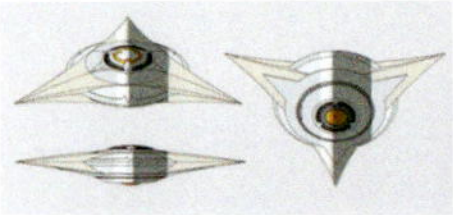

αCENTAURI
ハルが聞いた！
ケンタウルスα星

ケンタウルスα星人

夜、窓の外の星を見ていたら、突然、まぶしい光が近づいてきて……。気づいたら、UFOの中にいたの。そこには、大きなおさるさんみたいな宇宙人がいて、私を「ケンタウルスα」という星に連れて行ってくれた。そこは、科学技術がとっても進んだ星なんだって。

妹を攫《さら》った宇宙人？

ケンタウルスα星人は、ナツミを攫ったのはレプタリアンと呼ばれる種族だと教えてくれたの。彼らはすでに地球に入り込んでるんだって。

abduction
ナツミが体験！
アブダクション

犯人はグレイ!?

グレイっていうのは、白いツルッとした体の、大きな目をした宇宙人のことらしいの。私を攫った犯人は、このグレイだったのかな……？

惑星連合

THE INTERPLANETARY ALLIANCE

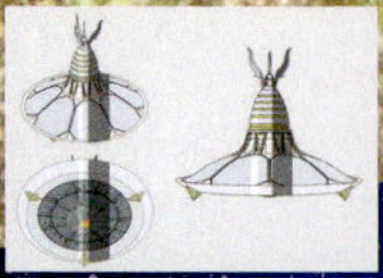

■レイたちを月面基地へと誘ったヤギ型宇宙人とともに現れる惑星連合の宇宙人

惑星連合

宇宙の繁栄と平和を願う複数の星々が加盟している惑星連合。悪質な宇宙人に侵略されそうな星を助けている。地球を守ろうとしてくれているようだが……。

FLIP SIDE
UNIVERSE

裏宇宙

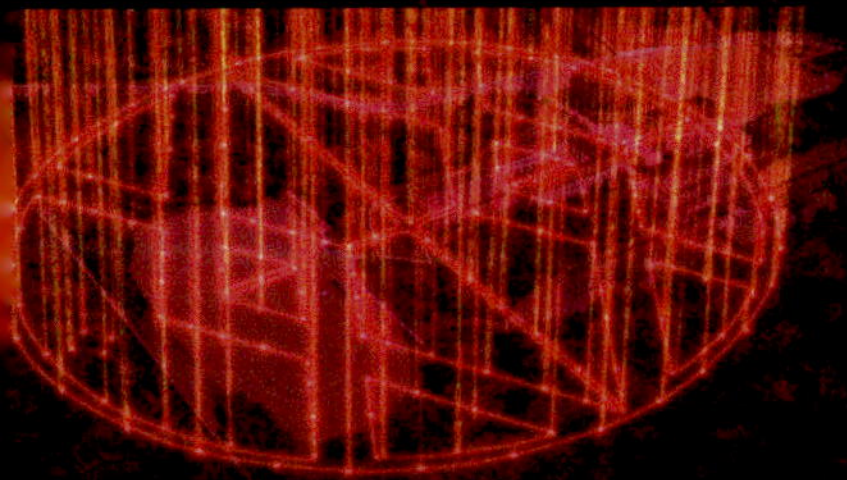

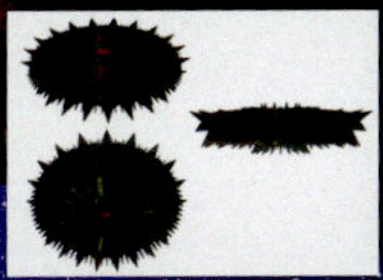

裏宇宙

光の神のエネルギーが降り注ぐ宇宙の裏側に存在する、もう一つの宇宙空間。「宇宙の邪神」が支配している。レプタリアンら、悪質宇宙人もつながりがあるらしい……。

■ 地球を侵略し、乗っ取ろうと企む悪質なレプタリアン

挿入歌

大川隆法作詞・作曲による珠玉のミディアム・バラード

『LOST LOVE』

「もう 愛が見えない」

何かが失われた
甘美な記憶に連なる何かが
愛であったか　束縛か
誰も知ることのない真実《こと》
僕が過去を消そうとしている
いや　もう思い出せないのか

きっとそれは風のせいさ
無常の風さ
僕の久遠の敵が
彼岸に向けて吹いているのさ

小さな流れが川にはあって
ダイヤモンドが輝いていたはずだが
捨てたのは君に違いない
言葉は一つか、応酬か、三つあったか、
今ではもうわからない
どちらがどちらを傷つけたのかも

きっとそれは風のせいさ
無常の風さ
僕の久遠の敵が
彼岸に向けて吹いているのさ

＊ああ 恋人よ
いつの日か
二人しか知らない場所《ところ》で
僕は君を待っていよう
時代が過ぎ去っても
僕には一瞬さ

だから　二度と泣くんじゃないよ
でも僕のことは忘れないでおくれ
僕の愛を知らなかったとは言わせない
それはいつまでも輝いているんだ
あの小さな流れの底では…

＊繰り返し

「LOST LOVE」

作詞・作曲・英詩和訳：大川隆法
編曲：水澤有一
歌：Michael James

I'VE LOST SOMETHING
IT'S RELATED TO MY SWEET
MEMORY
LOVE OR BONDAGE
WHO KNOWS THE TRUTH
I'M KILLING MY PAST
OR FORGETTING IT

IT'S DONE BY THE WIND
TRANSIENT WIND
MY ETERNAL ENEMY
IT'LL LEAD TO DEATH

IN THE STREAM OF RIVER
SURELY THERE SHONE DIAMOND
KNOWINGLY YOU LEFT
A WORD, TWO WORDS,
THREE WORDS,
I DON'T KNOW EXACTLY
WHO HURT WHOM

IT'S DONE BY THE WIND
TRANSIENT WIND
MY ETERNAL ENEMY
IT'LL LEAD TO DEATH

＊MY SWEETHEART
SOMEDAY
IN THE MEMORIAL PLACE
I'LL WAIT FOR YOU
SOME DECADES WILL PASS
IN A MINUTE

SO NEVER WORRY
BUT DON'T FORGET ME
DON'T FORGET MY LOVE
IT'S STILL SHINING
IN THE BOTTOM OF THE STREAM

＊repeat

DISC INFO

映画「ＵＦＯ学園の秘密」挿入歌
LOST LOVE
もう 愛が見えない
【ＣＤ】￥1,080（税込）

収録曲
① LOST LOVE　もう愛が見えない
② LOST LOVE　もう愛が見えない
(Instrumental)

【ダウンロード】￥250（税込）
下記サイトで購入いただけます。

Michael James

オーストラリア出身の歌手兼ギタリスト。ギター、ドラム、キーボード、プロデューサー業などもこなすマルチプレーヤー。これまで３枚のオリジナルアルバムを発表するほか、ゲーム音楽制作にも携わる。

LOST LOVE

ver.1.12

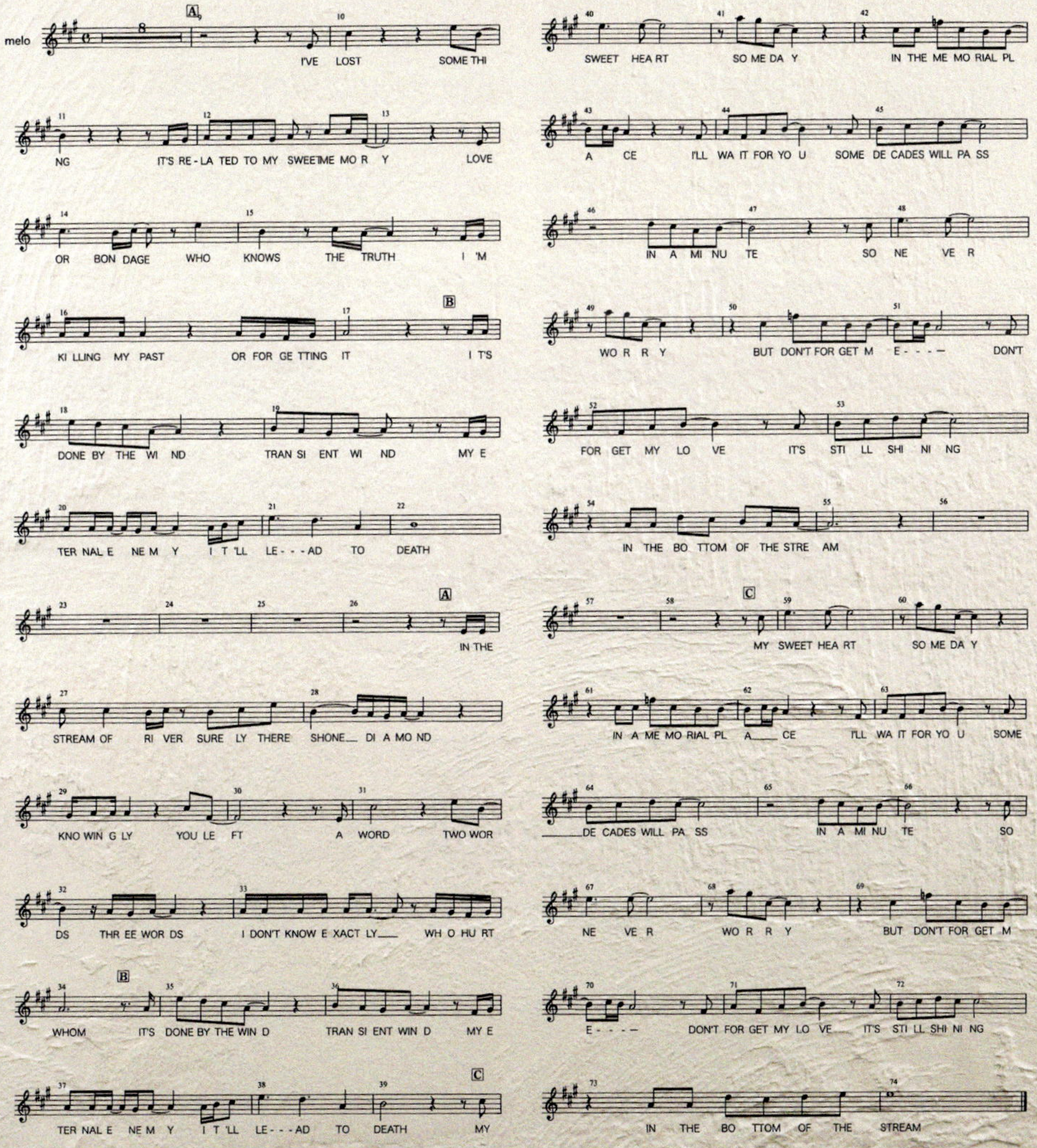

対　談
PRODUCTION NOTE 01

制作者が語る
The Laws of The Universe Part0
UFO学園の秘密

監督 今掛 勇 × キャラクターデザイン 須田正己

今作の監督を務める今掛勇氏と、本作の重要なキャラクターのデザインを担当した、長年アニメーションの世界で活躍し続けている須田正己氏に話を聞いた。

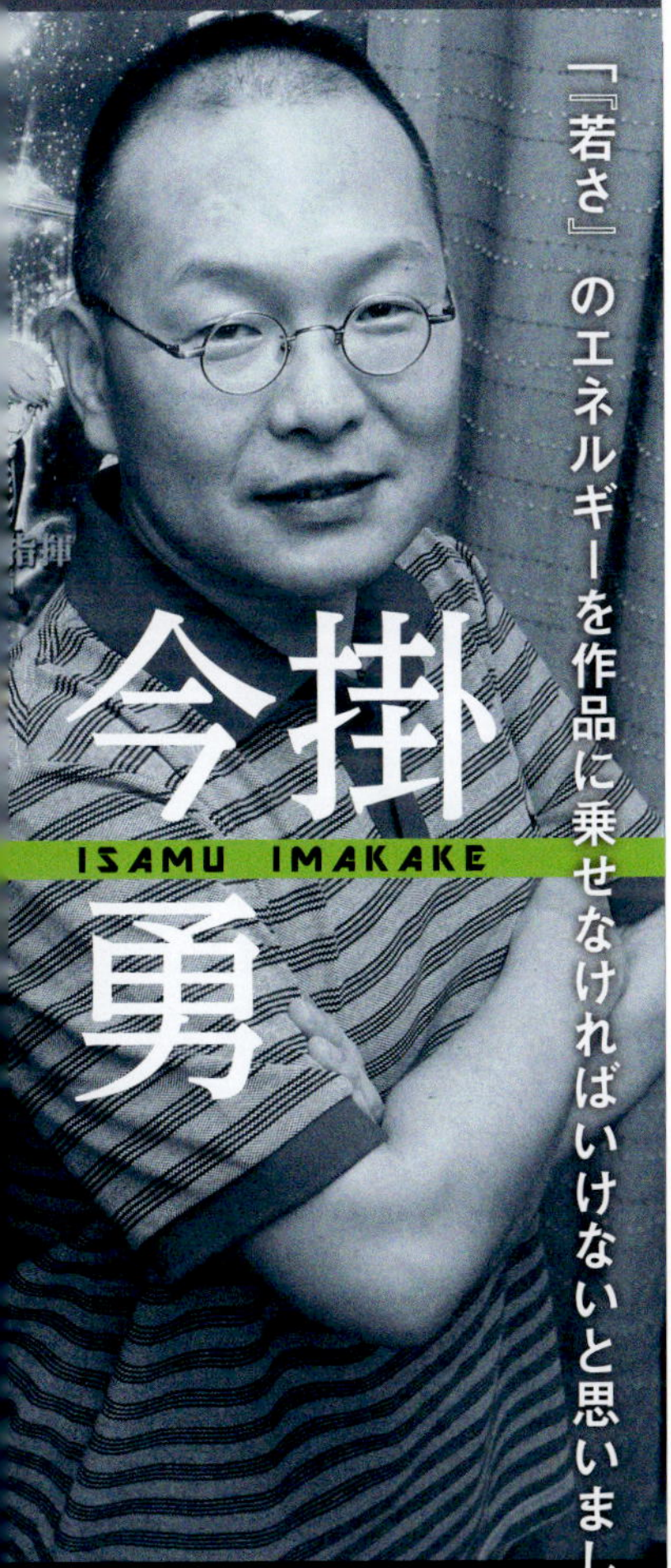

「『若さ』のエネルギーを作品に乗せなければいけないと思いました」

今掛 勇
ISAMU IMAKAKE

● 監督

1968年生まれ。アニメーター、アニメ演出家、アニメーション監督。「ふしぎの海のナディア」（原画）、「カウボーイビバップ」（セットデザイン）、「新世紀エヴァンゲリオン」（原画）、「キャプテン翼」（チーフディレクター、デザインワークス、絵コンテ、演出）、「永遠の法」（監督）。「神秘の法」（監督）は「第46回ヒューストン国際映画祭」で劇場用長編部門の最高賞「REMI SPECIAL JURY AWARD」受賞。

「若いエネルギー」を乗せた作品

今掛　須田さんとは「太陽の法」からご一緒させていただいていますね。須田さんはいつも何かチャレンジされるので面白いです。

須田　幸福の科学の作品は今まで何本もつくってきたけど、挑戦ばかりですよね。「言葉を絵にする」みたいな感じで、とても難しいものを要求される（笑）。でも、それがつくる楽しみでもある。

今掛　実は僕、ずっと学園ものをやりたかったんです。だから、今回、「UFO学園の秘密」のお話を聞いた際は、「これはいい話が来た」と思っていたんですが、現実はとても大変ですね（笑）。「どうやってつくるんだろう?」って。

須田　漠然《ばくぜん》から始まる。だから、それを絵にするには時間がかかるんですよね。

今掛　なんか打ちのめされる感じなんですが（笑）、はっきり言えるのは、それと同時に一瞬にして「面白い」という感動が沸き起こるんです。ただ、その面白さを具体的にするのに時間がかかってしまう。

須田　毎回そういう感じですね。

今掛　今作は、学園生活の中でいきなり宇宙人が現れるという設定だったので、ギャグに思われないよう、リアリティを大事にしました。それで、宇宙関係の資料を読み込みましたし、実際の学生さんたちにも取材しました。今のアニメーションを楽しんでいる世代を理解したくて、友達にはなれなくても、なるべく近い存在になりたいと……。

須田　なれた?

今掛　おそらく。学生さんたちには、「またあのおじさんが来てる」と思われていたと思うんですが。

須田　でも、それはやっぱり必要だよなあ。そこに入り込んで、感じてみないと分からない。

「アニメーターは本来俳優。キャラクターになりきって、命を吹き込んでいる」

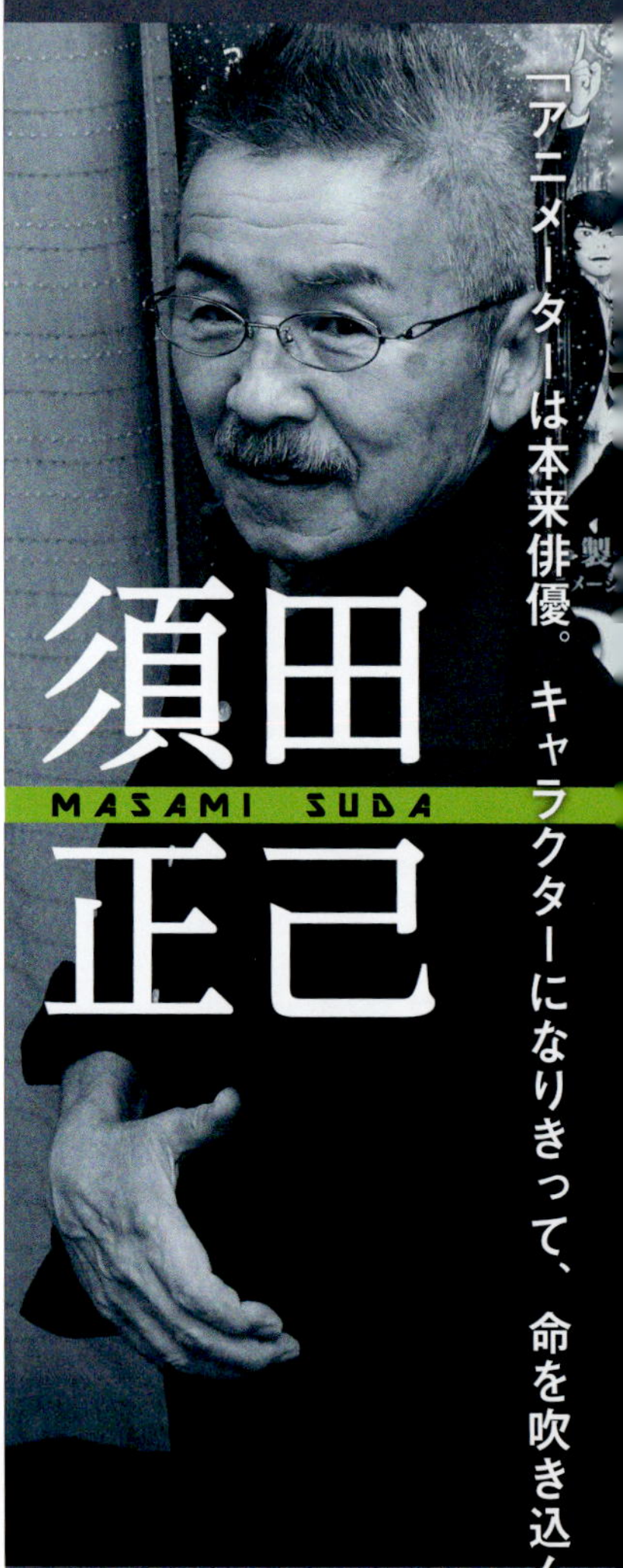

須田正己

MASAMI SUDA

● キャラクターデザイン

1943年生まれ。アニメーター、キャラクターデザイナー。「北斗の拳」（キャラクターデザイン、作画監督）、「遊☆戯☆王」（作画監督、原画）、「サラリーマン金太郎」（キャラクターデザイン）、「ケロロ軍曹」（作画監督）、「バンブーブレード」（原画）、「GIANT KILLING」（作画監督、原画）、「妖怪ウォッチ」（キャラクターデザイン）、「Dr.スランプ　アラレちゃん」（劇場アニメ、原画）。数々のヒット作を手がける日本アニメ界の至宝。仏・パリの「Japan Expo」など海外イベントでも活躍中。

今掛　いちばん感じたのは、「若さ」です。若い子たちと話していると、僕自身、若くなった気がします。このエネルギーを作品に乗せなければいけないと思いました。

アニメーションの魅力

今掛　前作の「神秘の法」では須田さんにキャラクターデザインもしていただきましたが、須田さんのつくるキャラクターには存在感がありますよね。

須田　内面を出そうとするからかな。僕はけっこう感情でものをつくっているところがあるので。神や天使のような目に見えないものを描くにしても、ラフを描いていればできるというものでもなくて、考えているうちに、あるときふっとイメージが降りてくる感じ。

今掛　僕は今回初めてキャラクターデザインもさせていただいたんですが、もともと、小物や美術のセットのデザインなどをする設定屋だったので、キャラクターは苦手意識があったんです。でも、現代の若い子たちに向けて、我々のオリジナルのキャラクターを出したいと思い、チャレンジしました。須田さんには今作はある人物の変身した姿のデザインをお願いしましたね。

須田　難しかったですよ。毎回難しい依頼が来るので悩むんですが、楽しいですね。これをやっていた頃も、一方では「妖怪ウォッチ」のジバニャンみたいなゆるいものをつくっていたんですが、キャラクターをつくる仕事というのは、ギャップのあるものを同時にいろいろつくるので、楽しまないとつくれないです。

今掛　僕も好きでないとできないかなと思います。自分の思い描いていたものができたときが楽しいわけですが、特に面白いのが、それに何かがプラスされているときなんです。偶然なのか、いろんな人たちが協力してくれて、そうなっているのか分からないんですが、とても感動します。

須田　アニメっていうのは、そうなんだよ。計算できないところがあるよね。

今掛　今はディレクションする立場なので、スタッフのみんなにもそういう感動を味わってほしいと思っています。

過去に満足したら終わり

今掛　須田さんはアニメーションの世界で長くご活躍されていますが、その秘訣はありますか。

須田　僕はあまり過去を振り返らない主義なんです。過去の作品を見て「あのときが一番よかった」とは思わないですから。若いときは、荒々しくつくっていたから恥ずかしいものが多いんだけど、歳を取るにつれて、逆に厳密になっていった。そうすると、十年前よりも五年前、三年前よりも一カ月前といいものができる。だから、過去は振り返りたくない。昨日よりも明日のことを考えて進化していかないと、ものをつくる仕事って過去に満足した時点で終わっちゃう。

今掛　僕もいつも自分が完成しちゃったらおしまいだと思っています。変化し続けたい。

須田　僕が今、懸念しているのは、若い人たちがアニメーションに入ってこなくなっていること。昔は、三十分の原画を一人で描いていたけど、今はそれを二十人、三十人で分けて描いている。

　アニメーターは本来俳優で、一人ですべてを描くというのは、それぞれのキャラクターになりきって、命を吹き込んでいるわけ。だから、その人の性格がそのまま出る。このシーンは誰が描いたというのが分かるくらい、非常に個性的だった。

　それが今は、誰が描いても同じで個性がなくなってきているので、アニメーターの存在が目立たなくなってしまった。この業界のそういう現状を変えていきたいと思っています。

映画を楽しみにしている人へ

今掛　「神秘の法」は、ヒューストン国際映画祭で高い評価をいただきましたが、実写がメインの映画祭なので、日本のアニメーションが受賞できたことには驚きでした。

　世界中の人に見てほしいという思いが海外の方にも伝わって、感動してもらえたという喜びと、僕自身も刺激を受けて、現在の作品づくりのモチベーションにもなっています。

　今作も最初から世界を目指してつくっています。学園ものではありますが、大人であっても、学ぶことに対する情熱や未知なるものを探求していくことの喜びを思い出していただける作品になったと思います。また、子供たちにとっても、夢や希望を見つけるきっかけになれば嬉しいです。

　さらに、「宇宙から見た〝地球の教育〟とは何か」という観点から、たくさんの宇宙情報が出てきますので、「新たな時代の知識」という意味も含めて、世界中の方に楽しんでいただければと思います。

インタビュー

PRODUCTION NOTE 02

大川隆法総裁の製作総指揮による映画に第一作目から関わり、今作では「神秘の法」に引き続き、総合プロデューサーとして製作を統括している松本弘司氏に話を聞いた。

宗教が映画をつくる理由

幸福の科学の映画も今作で9作目となりましたが、なぜ宗教が映画を制作しているのか疑問に思っている方もいるのではないでしょうか。

当会は、「真実を伝えることによって、一人ひとりの人生や社会全体をよりよいものにしていきたい」という目的を持っています。その活動は、大川隆法総裁の著作が中心となっていますが、書籍だけでは届かないような層の方にも、映画というエンターテインメントの世界から、何らかの真理を感じ取って人生に生かしていただきたいと願い、映画事業にも取り組んでいます。

また、実際、「映画をきっかけにして、悩みが解けた」という声や、「人生が開けた」「夢が広がった」という声も多くいただいており、そうして「また観たい」と思ってくださる方々のニーズに応えるべく、つくり続けているところもあります。

「普遍的な感動」と「新しい挑戦」

幸福の科学の映画は、前作「神秘の法」をはじめ、海外からも高い評価をいただいております。

その理由は、「普遍性」と「新しさ」ではないかと考えています。普遍性に関して言うと、国や文化の違いを超えて、人間として共通する心に訴えかける何かが、どの作品にも必ず入っています。

また、新しさという点では、毎回、「まだ誰も見たことのないもの」を提示しようとチャレンジしているところが、本場アメリカをはじめ、国内外のクリエイターや映画ファンに愉しんでいただけている理由だと思います。日本では「何かと似ているもの」のほうが受け入れられやすく、「見たことのない世界観」は不思議な感じを受けるようですが、海外では逆で、独自性のあるものが評価されます。

普遍的な感動があり、かつ、新しいものをつくるというのは、非常に難しい命題なのですが、それに挑み続けているという意味で、幸福の科学は日本の映画作品の中でも、特に世界性を持った作品を生み出していると自負しています。

ある意味、徹底的にリアル

松本弘司

KOJI MATSUMOTO

● 総合プロデューサー

幸福の科学メディア文化事業局担当常務理事。1960年生まれ。20代は広告業界を中心に活躍。TCC新人賞、ACC年間最優秀シリーズ賞、フジサンケイグループ年間広告大賞銀賞、毎日広告デザイン賞優秀賞など多数受賞。大川隆法総裁製作総指揮の第1回作品「ノストラダムス戦慄の啓示」より映画制作に携わり、総合プロデューサーを務めた「神秘の法」は国際映画祭でも高い評価を得た。

今作は、コンセプトとして、「宇宙時代の真理」と「教育の理想」の投影ということに挑戦しています。要は、宇宙人モノと教育モノを合体させるということですが、これらは普通に考えてもつながりにくいですよね。

というのも、日本の教育界は、「科学的根拠のないものは認めない」という価値観だからです。まさに、宇宙人やＵＦＯの存在などは認められないわけですが、実は日本人でも大半の方はＵＦＯや宇宙人は「いると思う」と言うのです。実際、ＵＦＯを目撃したという人も少なくありません。今回の映画の中でも、「宇宙人に会った」と言い張る生徒が出てきますが、それに対して校長が「科学的根拠を示せ」と詰め寄ります。

今作では、そうした日本の現状に疑問を投げかけつつ、さらに踏み込んで、「宇宙人がいるなら、いい者か悪い者か、両方なのか。どんな種類なのか」などを幸福の科学の霊査に基づいて具体的に提示しています。いわゆる科学的根拠は示せていないのですが、自然と「地球にいろいろな人間がいるように、宇宙にもさまざまな価値観を持った存在が複数いるかもしれない」と思えてくる映画だと思います。その意味で、「ＵＦＯ学園の秘密」はエンターテインメント性だけでなく、ある意味、徹底的にリアルな作品です。

マスコミの情報やこれまでの家庭環境、学校教育などによって、「常識」だと信じ込んでいる物事を、そのような今作が提示する新たな視点から見直せば、今までにない発見が得られると思います。

宇宙旅行のような気持ちで楽しんでください!

「宇宙」や「科学」、「教育」と聞くと、堅苦しく感じられるかもしれませんが、皆様の心に眠っている想像性や創造性を刺激するような作品に仕上がっています。

主人公たちと一緒に、宇宙旅行へ旅立つような気持ちで、彼らの心の成長や青春を追体験していただけると思いますので、現役の学生さんだけでなく、青春の時期を過ぎた元学生さんにも、楽しみながらご覧いただき、それぞれの心の中に眠る「大切な宝箱」を開ける鍵をつかんでいただければ幸いです。

「UFO学園の秘密」の制作スタッフに聞いた、今作の見どころやお気に入りのキャラクター、映画を楽しみにしている方々へのメッセージをQ＆A形式で紹介。

スタッフ・ヴォイス

PRODUCTION NOTE 03

QUESTION

❶ 今作では、どのような作業を担当されていますか？

❷ 作品の見どころや、ご自身が携わったシーンはありますか？

❸ お気に入り、もしくは思い入れの強いキャラクターは？

❹ 映画をご覧になる方へ一言メッセージをお願いします！

美術監督　渋谷　幸弘

YUKIHIRO SHIBUTANI

❶ 実写映画やドラマにおけるロケーション、スタジオセットを絵でつくる仕事が、アニメーション美術であり、それを統括するのが美術監督です。絵は、場所はもちろんのこと、色や明るさコントラストの使い方一つで、季節や時間、温度、感情までも表現できます。監督の演出意図をよく理解し、それぞれのシーンに合った舞台をつくるのが美術の仕事です。

❷ 見どころというか「LOST LOVE」のシーンがいいですね。「LOST LOVE」をバックに、５人それぞれの心情とちょっと寂しげな夕景……そこに挿入される楽しげな５人の回想シーン。「青春」って感じがいいですね。

❸ エイスケ・・・

❹ 丁寧につくられた映画です。私は、HSピクチャーズ・スタジオの映画は、今作が初参加ですが、参加できてよかったと思える映画です。

渋谷 幸弘

1960年生まれ。アニメーション美術監督。テレビアニメーション「機動警察パトレイバー」（美術監督）、「魔法騎士レイアース」（背景）、「ルパン三世 燃えよ斬鉄剣」（美術監督）、「銀魂」（背景）、「おおきく振りかぶって」（美術監督）、「夏目友人帳」（美術）、「境界のRINNE」（美術監督）、映画「名探偵コナン」シリーズ（美術監督）、「犬夜叉」シリーズ（背景）、「AKIRA」（背景）、OVA「サクラ大戦 轟華絢爛」（美術監督）などを担当。

挿入歌「LOST LOVE」が流れるシーンの背景

渋谷美術監督によるビジュアルボード

撮影監督

佐藤　光洋
MITSUHIRO SATO

❶ 撮影を担当しています。作画されたセルと背景を合成して画面をつくります。カットによっては、カメラワークやエフェクトも加えます。

❷ 主人公たち５人の心の成長を見てほしいです。今どきなキャラクターたちが恋愛や将来について悩みます。そんな心情を、挿入歌とともに画面をつくっています。「高校生のときにこんな悩みを持てて幸せだな～」と、中年になった今、特に思います。

❸ アンナがお気に入りです。物事をはっきり言って、感情を出せるところはとてもいいと思います。同級生の男の子に向かって自分の意見をしっかり言えたり、喜怒哀楽がはっきりしているのは、素直でかわいらしいと思います。

❹ 日本では珍しい「日常生活でのUFOのSF」です。UFOを信じていない人こそ観てほしいと思います。

ある事件をきっかけに5人の絆が揺らぎ、心を痛めるアンナ

音楽

水澤 有一
YUICHI MIZUSAWA

❶ 音楽制作です。物理的な空間や光の描写ではなく、宗教的な意味や大宇宙のエネルギー＝神の意志を感じさせるような音楽づくりをさせていただくように心がけました。

❷ UFOや宇宙人といった、目に見える不思議・神秘を追い求めていく過程で、心の中の神秘、宇宙の神秘を発見していきます。
そして、なぜ地球があり、なぜ自分がここにいるのかといった根源的とも言える「神秘」と向き合っていくことになります。

❸ ハル。「宗教の勉強がしたい」という目覚めがキュート。声がかわいい(笑)。

❹ 映画の構成要素やメッセージも盛りだくさんですが、私個人といたしましては、観てくださった方が、心の奥に眠っている何か、まだ出会ったことのない自分を発見できたらうれしいです。

思いやりにあふれ、ささいなことにも感激しやすいハル

粟屋VFXクリエイティブディレクターによるシーン

VFXクリエイティブディレクター

粟屋友美子
YUMIKO AWAYA

❶ 常に変化している不思議な星、VEGA——目の前に広がるVEGAの世界には、目に見えてはいないけれど、さまざまな世界が共存しており、意識のチャンネルがこの星と同調すると、瞬時に別の世界が見えてくる——というコンセプトに基づいて、画づくりをしていきました。

❷ インパクトのあるVEGAの世界を構築することは勿論ですが、瞬時に新たな世界が予期せぬ現れ方をするところには、いろいろなアイデアを試しました。VEGAの地上から滝のシーンに変わるところは、文字通り予期せぬ展開からダイナミックな世界までをうまく描くことができたと思っています。
また、宇宙に浮かぶVEGAや、VEGAの大気や都市、そして、地上に現れる無数の湖などは、不思議な美しさが漂うよう、そこに介在している色を絶えず変化させるようにしました。イメージの原型は、宝石のオパールです。見る角度によって、さまざまな色と光を放つオパールを、より能動的に進化させ、VEGAのイメージをつくっていきました。

一番難しかった仕事は、無数の小さい湖に対流を起こして、波が寄せては引いていくというアクションをつくることでした。

❹ 物理的に不可能なことにチャレンジしたので、アニメーターたちはほんとうに苦労しながら、トライアル&エラーを繰り返し、少しずつゴールに近づけていってくれました。最終的にVEGAのどのシーンも、とても美しく不思議な世界に仕上がったと思っています。とても楽しい仕事でした。

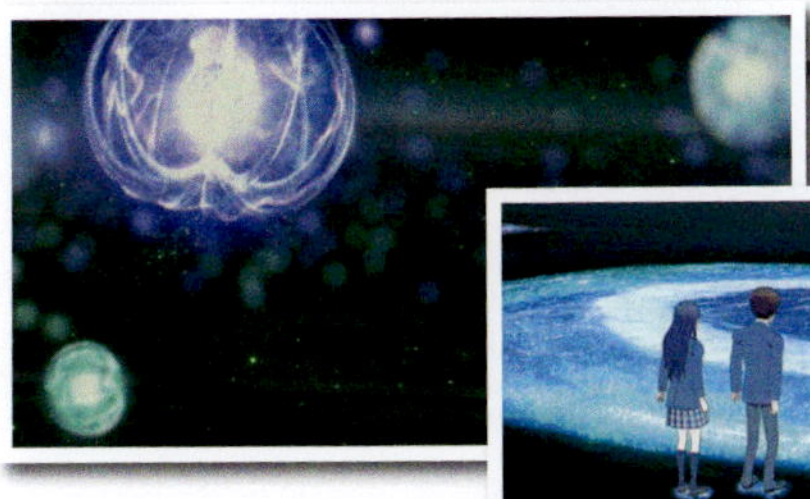

CGIディレクター　Scarlett《スカーレット》 Woo《ウー》

❶ 3DCGと、撮影のデジタル関連の統率という役割を担当しておりました。作品の中に、3DCGと撮影のデジタル処理が随所にありますが、特に今回は従来以上の試行錯誤を繰り返しながら積極的に取り入れました。監督の要望をヒアリングして、全編中、どこでどのような表現を入れるか、相談しました。デジタルのビジュアル的な表現と、ジャパンアニメーションの伝統的な表現を、徹底的に馴染ませながら、3DCGを使って群集やキャラクターの表現を行った上で、コンタクトマシーンや花火エフェクトなども、積極的にチャレンジをしています。

❷ 従来的な宇宙の表現は止めの一枚の背景画になりますが、今回は宇宙という広い空間に対して、「スケール」というキーワードに基づいて、「広大な宇宙は生きている」「星が動いている」ということを表現するために徹底的に工夫し、3DCGと撮影技術を駆使した動的な空間をつくりました。宇宙空間や地球、月面、これらのリアルとイメージの融合を目指し、たくさん試行錯誤しました。

❸ 一番印象が強いのはハルというキャラクターです。彼女は気品が高く、大きな理想と夢を抱いていますが、表になかなか表現できない、出口が見つからないというコンプレクスを持っています。仲間４人とともにいろいろ経験し、宇宙にも行って戻ってきたことで、一段と成長することができました。つまり、夢を諦めなければ、仲間との絆を持っていることで、人は変わることができるのです。

❹ あなたは、いくつの秘密を発見できるでしょうか？

夜空を彩る花火や、光のきらめきなど、
3DCGによる美しい映像が大きなスクリーンに映える

色彩設計

野地 弘納
HIRONORI NOJI

❶ 色彩設計を担当しました。基本となる、キャラクターや小物やメカの色、シーン毎の色変え等を作成しています。

❷ すべてに関わっているので「全部」と言いたいところですが、あえて言うなら、冒頭夜のシーンですね。惹きつけられると思います。

❸ 惑星連合の宇宙人とヤギ型宇宙人ですね。けっこう色で悩みました。

❹ キャラクターの色や、それぞれのシーンの色にも、注目していただけたら嬉しいです。

惑星連合の宇宙人の色指定表

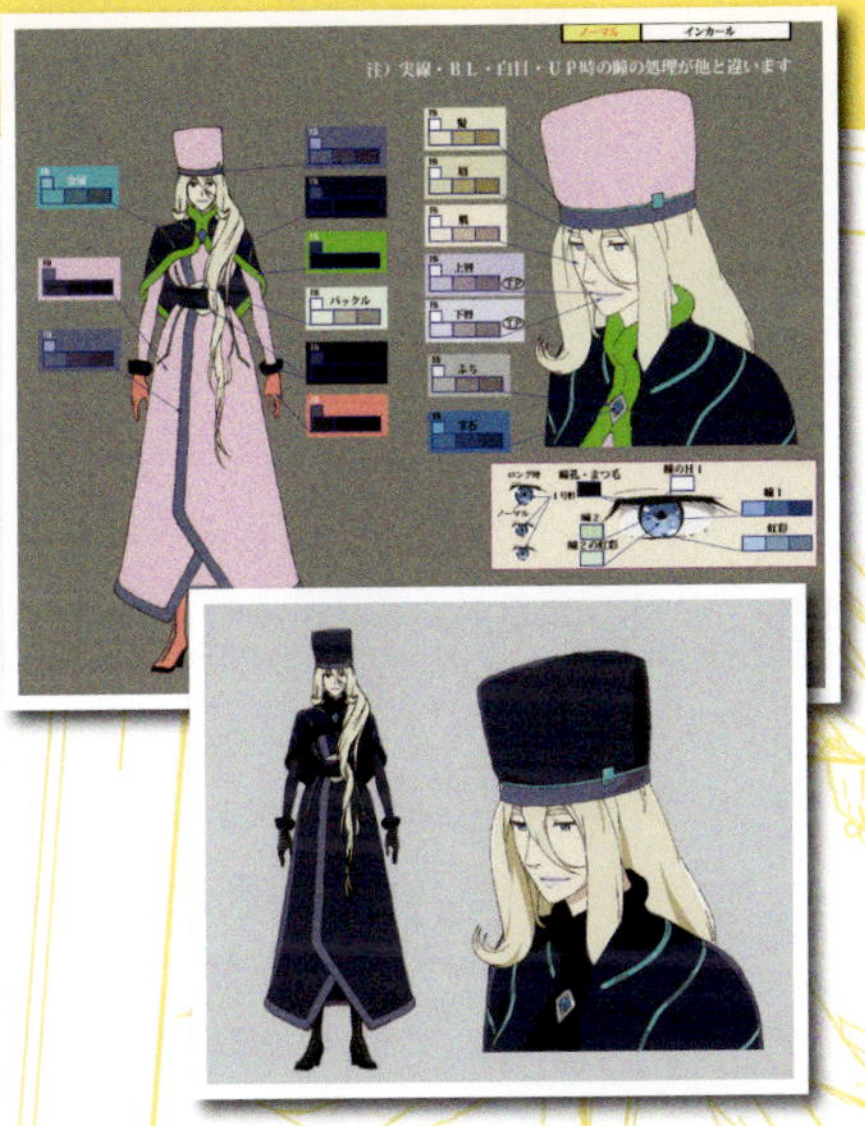

助監督

大野 和寿
KAZUHISA OHNO

❶ 演出処理です。今掛監督の絵コンテを基に、作画・美術・撮影・色彩等、各スタッフと打ち合わせをし、実際のカットを具体的に作成する作業を担当しました。

❷ 渋谷美術監督の描いた美術（背景）。今掛さんのキャラクター。二又一成さんのアドリブ（「ウンモー」と叫ぶところ）。

❸ エイスケ。弱点と強さと両方持った人間らしいキャラクターだから。苦手なキャラクターはタイラ。

❹ 強さを伴わない優しさは、単なる軟弱に過ぎません。いいことをしても、人は称賛されるということもなく、逆に謂われなき嫉妬に足をすくわれるという事態に陥るかもしれません。UFO学園の登場人物たちは、さまざまな逆境に遭いますが、何とか気力で困難を乗り越えていきます。そのあたりを映画を見て、和んでもらえれば嬉しいです。

エイスケは、人間味あふれる個性的なキャラクター

作画　Y・K

❶ 絵コンテや演出指示を基に、画面を設計し、芝居のキーとなる絵を描く、「原画」という作業を担当しました。

❷ 廃部室でチーム・フューチャーがバラバラになるシーンを担当しました。彼らが幾多の困難に直面し、どう成長するかが見どころだと思います。

❸ 感情移入しながら芝居を考えるので、それぞれのキャラクターに思い入れはありますが、特に「泣くキャラクター」には強い思い入れがあります。

❹ この主人公たちのように人生の転機がいつ訪れるか分かりませんが、今作品が何かのきっかけになればと思います。

作画　T・M

❶ 動画（原画と原画の間の動き）の修正を担当しました。

❷ 見どころは、地球外での出会い、交流で、主人公たちがどう変わっていくのかが楽しめるところではないでしょうか。

❸ 後半、「『誰も俺に勝てないだろう！』と叫んでみたい！」と言う、気持ちのハッキリとしたキャラクターがちょっと気に入っています（笑）。手段や目的が間違っていないなら、「1番になりたい」という気持ち、大切だと思いますね。

❹ 今まで知らなかったことを知り、気づき、成長していく過程を、キャラと一緒に体験していただけたらと思います。

作画　田宮 衛　MAMORU TAMIYA

❶ 画面の設計図となるレイアウト（背景原図とキャラクターの配置）と、キャラクターの芝居のポイントとなる原画を描く仕事です。現在のアニメ制作過程でもデジタル化されていない部分で、基本的に手描きです。

❷ 主に担当したシーンは、天才塾生がUFOを呼ぶところです。今作では、群集シーンは3Dを使用していますが、手描きと併用しているカットや、手描きのみのカットもあります。違和感なく見れていればいいのですが。

❸ エイスケです。モジャモジャな髪型、六角形のメガネ、猫背等、描くのに面倒臭いキャラでしたが、感情表現が豊かで楽しいキャラでもありました。

❹ クラスメイトには、実は全員分のキャラ設定があります。ワイルドな奴がいるかどうか、確認してみてください。

田宮さんが作画を担当したシーン
(cut：1073)

Y・Kさんが作画を担当したシーン
(cut：0831)

T・Mさんが作画を担当したシーン
(cut：0576B)

キービジュアル・デザイナー

大坪　恵子
KEIKO OHTSUBO

❶ キービジュアル・デザインを担当しています。ストーリーのポイントとなるシーンを絵に起こして、世界観をつくる仕事です。大切なのは、ストーリーの理念をきちんと理解しているかどうかかもしれません。そこから具体的な色や形の発想をしてデザインを考えます。また、デザインしたシーンのCGパートの制作も行っています。

❷ 関わったのは、主に、全体を通しての光のエフェクト（CG効果）、根源の光のシーン、プレアデス３番星のデザイン、主人公５人の魂の光の表現関係です。作品オリジナルの表現を目指して、開発しました。今回の作品は、「宇宙の法」という、一段スケールの大きいステージに上がっているので、特にチャレンジングだったと思います。

❸ どのキャラクターも個性的で好きなのですが……。しいて言うなら、アンナやウンモ星人ですね。アンナは個人的に共感できる部分がありますし、ウンモ星人は、「ウンモ、ウンモ」って言っているところがツボです笑。あとは、惑星連合のUFOにいるオペレーター、月面基地のイノシシリスやキリン型宇宙人でしょうか。本編ではちょっとしか出ていませんが、なかなかかわいいんですよ♪

❹ 私たちは、永遠の魂を持って、さまざまな星に生まれ変わりながら、今、同じ「地球人」として、かけがえのない「地球」に生きているという事実。そして宇宙には、すべてを創造し、育んできた大いなる存在があるということ。この映画を通して、その「奇跡」を感じ、観てくださった一人ひとりが幸せになっていただければと思います。

５人のイメージカラー

制作デスク

小山　新一
SHINICHI KOYAMA

❶ 作品の全体スケジュールを管理して、監督や原画マン等に「早く仕事しろ!!」と急《せ》かす仕事です。

❷ 音響・広報以外、全部に関わっていると思います。原画マンにまぎれて、エイスケの雑誌１冊だけ表紙を描いています（わりと分かりにくいですが……）。

夜明教授と、その助手たち

❸ エイスケ。それと夜明の助手（私をモデルにされました）。

❹ アニメーションは見るものであって、制作に携わるものではありませんよ。辛いし、理不尽なことが多々あります。目指す方がいましたら、それなりの覚悟を決めて、この世界に足を踏み込みましょう。歓迎します。

小山さんが描いたエイスケの雑誌

主人公5人と物語の鍵を握る重要人物のCVを担当した豪華声優陣を紹介。

レイ as
逢坂良太 (おおさか　りょうた)

2012年、テレビアニメ「つり球(真田ユキ役)」で初主演を果たし、その後も多数の作品でメインキャラを務めている。主な出演作は、テレビアニメ「ダイヤのA(沢村栄純役)」「革命機ヴァルヴレイヴ(時縞ハルト役)」「ハマトラ(ナイス役)」「山田くんと7人の魔女(山田竜役)」「アルドノア・ゼロ(クランカイン役)」「黒子のバスケ(黛千尋役)」、ゲーム「テイルズ オブ ゼスティリア(ミクリオ役)」「刀剣乱舞(獅子王役)」など。2015年の第九回声優アワードで、新人男優賞を受賞。徳島県出身。

タイラ as
柿原徹也 (かきはら　てつや)

幼少期から18歳までドイツに在住。ドイツ語と英語も話せるため、語学力を生かした役を演じることも多い。主な出演作は、テレビアニメ「FAIRY TAIL (ナツ役)」「聖闘士星矢Ω(龍峰役)」「天元突破グレンラガン(シモン役)」「マギ(練紅覇役)」「弱虫ペダル(東堂尽八役)」、ゲーム「テイルズ オブ ハーツ(シング・メテオライト役)」など。2007年の第一回声優アワードで、新人男優賞を受賞。歌手としても活躍している。ドイツ・デュッセルドルフ出身。

ハル as
金元寿子 (かねもと　ひさこ)

2010年、テレビアニメ「ソ・ラ・ノ・ヲ・ト(カナタ役)」で初主演を果たす。主な出演作は、「侵略!イカ娘(イカ娘役)」「スマイルプリキュア!(黄瀬やよい、キュアピース役)」「デュラララ!!(折原九瑠璃役)」、ゲーム「艦隊これくしょん〜艦これ〜(春雨、清霜、早霜、北方棲姫役)」「ソードアート・オンライン—ロスト・ソング—(セブン役)」など。2011年の第五回声優アワードで、新人女優賞を受賞。岡山県出身。

丸井 as
銀河万丈 (ぎんが　ばんじょう)

主な出演作は、テレビアニメ「機動戦士ガンダム(ギレン・ザビ役)」「北斗の拳(サウザー役)」「タッチ(原田正平役)」「ジョジョの奇妙な冒険スターダストクルセイダース(ダニエル・J・ダービー役)」など。山梨県出身。

伊藤 as
田丸篤志 (たまる　あつし)

主な出演作は、テレビアニメ「たまこまーけっと(大路もち蔵役)」「アイカツ!(瀬名翼役)」「ハイキュー!!(国見英役)」「魔法科高校の劣等生(吉田幹比古役)」、ゲーム「刀剣乱舞(一期一振役)」など。埼玉県出身。

アンナ as 瀬戸麻沙美（せと　あさみ）

2010年、テレビアニメ「放浪息子（高槻よしの役）」でデビュー。「ちはやふる（綾瀬千早役）」では主人公を演じるとともに、エンディング主題歌の歌唱も担当した。その他の主な出演作は、テレビアニメ「アイカツ！（星宮らいち、宮本真子、神谷しおん役）」「あの日見た花の名前を僕達はまだ知らない。（ゆきあつ幼少時代役）」「革命機ヴァルヴレイヴ（指南ショーコ役）」、ゲーム「アーシャのアトリエ～黄昏の大地の錬金術士～（ウィルベル・フォル＝エルスリート役）」など。埼玉県出身。

エイスケ as 羽多野渉（はたの　わたる）

主な出演作は、テレビアニメ「ダイヤのA（増子透役）」「黒子のバスケ（実渕玲央役）」「地球へ…（サム・ヒューストン役）」「ハマトラ（ムラサキ役）」「FAIRY TAIL（ガジル役）」「HUNTER×HUNTER（シャウアプフ役）」「革命機ヴァルヴレイヴ（貴生川タクミ役）」、ゲーム「ジョジョの奇妙な冒険 オールスターバトル（東方仗助）」「ファイナルファンタジーXIII（ユージュ役）」など。2008年の第二回声優アワードで、新人男優賞を受賞。音楽活動にも力を入れている。長野県出身。

夜明優 as 浪川大輔（なみかわ　だいすけ）

子役時代から声優として活躍。主な出演作は、テレビアニメ「君に届け（風早翔太役）」「アルスラーン戦記（ナルサス役）」「ルパン三世（石川五ェ門役）」「ハイキュー!!（及川徹役）」「HUNTER×HUNTER（ヒソカ役）」「テニスの王子様（鳳長太郎役）」「ダイヤのA（滝川・クリス・優役）」「ONE PIECE（ユースタス・“キャプテン”キッド役）」、洋画吹き替え「スター・ウォーズシリーズ（アナキン・スカイウォーカー役）」「ロード・オブ・ザ・リング（フロド・バギンズ役）」など。2010年の第四回声優アワードで、助演男優賞を受賞。東京都出身。

ナツミ as 千菅春香（ちすが　はるか）

2012年、「ミス・マクロス30コンテスト」シンガー・ウィング〈歌手部門〉グランプリ。ゲーム「マクロス30～銀河を繋ぐ歌声～（ミーナ・フォルテ役）」でデビューし、同作の主題歌も歌唱。主な出演作は、テレビアニメ「ソウルイーターノット！（春鳥つぐみ役）」「甘城ブリリアントパーク（中城椎菜役）」「アクエリオンロゴス（綺声神心音役）」など。岩手県出身。

？？？？ as 伊藤美紀（いとう　みき）

主な出演作は、テレビアニメ「ドラゴンボールシリーズ（人造人間18号役）」「マリア様がみてる（小笠原祥子役）」「Fate/stay nightシリーズ（藤村大河役）」など。東京都出身。

？？？？ as 二又一成（ふたまた　いっせい）

主な出演作は、テレビアニメ「めぞん一刻（五代裕作役）」「サザエさん（三郎役）」「忍者ハットリくん（小池先生役）」「ああっ 女神さまっ（大滝役）」「コードギアス 反逆のルルーシュ（ト部巧雪役）」など。青森県出身。

のヒミツ

「大スクリーンならでは！」のこだわりや、思わず誰かに話したくなる小ネタなど、スタッフたちの愛が詰まったヒミツのポイントを紹介！

ヒミツ1 5人の並びに秘密があった！

本作の主人公Eisuke、Anna、Ray、Tyler、Halle。彼ら5人の名前の頭文字を、ポスタービジュアルの並びで読むと「EARTH」というキーワードが出現する！

5人の名前の頭文字を
つなげて読むと？

ヒミツ2 作中に協賛企業も登場!?

本作に協賛している企業の看板や商品が、エンドロールだけでなく、ナスカ学園の生徒たちが暮らす街の中にも登場する！

ヒミツ3 5人の視線の先や体感時間の違いにも注目！

JPN 00 :17 :04 :05
RAY

宇宙へ向かう実験に参加した5人のモニタリング映像。どうやら経過時間に差がある模様。さらに、それぞれの視線が何を捉えているかも注目だ。

ヒミツ4 宇宙人の本当の姿……

右側を歩く宇宙人は、美しい女性に見えるが、どうやら、人間の姿に変身していたようだ。映画では、一瞬、本当の姿が床面に映し出される。

ヒミツ5 過去の作品との共通点も♪

エイスケの宝箱には、「黄金の法」に出てきたタイムマシンとよく似たおもちゃが。

夜明のラボには、「永遠の法」に登場する霊界通信機に似た、頭頂部が光るピラミッド型の機械が。

ここに注目!「UFO学園の秘密」

ヒミツ6 ナスカ祭の全貌を公開!

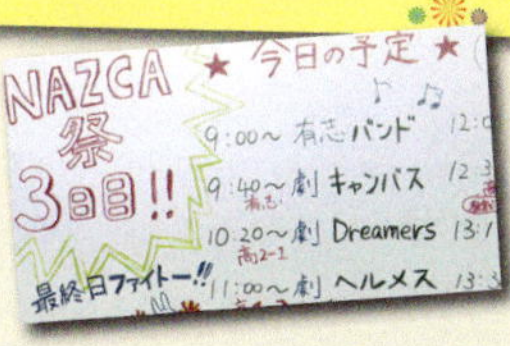

毎年9月に3日間にわたって開催されるナスカ祭。生徒たちが探究創造科の研究成果を発表するほか、演劇部やチアダンス部のパフォーマンス、有志による歌やダンスなどが披露される。保護者や地元の人たちも多数参加し、大いに盛り上がりを見せる。

ヒミツ7 見覚えのある雑誌やポスター

このシーンのポスターにも注目!

ナスカ学園の校内にあるコンビニでは、さまざまな雑誌や食べ物が販売されている。タイラが立ち読みしている漫画や、ラックに入っている雑誌、校内に掲示されているポスターなどをよく見てみると、何やら見覚えのあるものが……。そのほか、エイスケの持ち物にも注目だ。手にしている書籍や、寮の部屋などに積み上げられている雑誌も、よく見てみると見知ったものがあるかもしれない。

ヒミツ8 職員室に掲示されている「校訓」「信条」

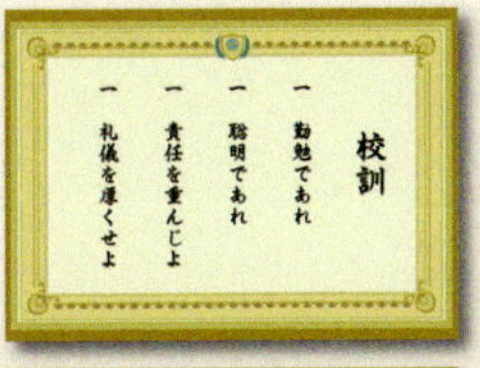

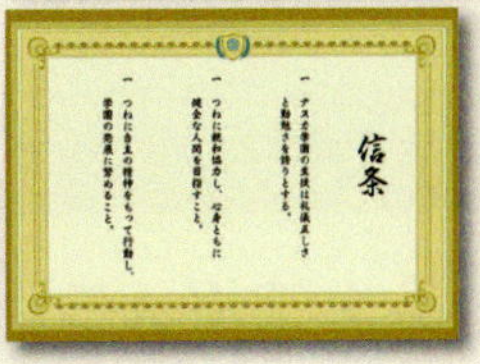

職員室に掲示されている「校訓」と「信条」は、ナスカ学園生の精神的な指針として、創立以来、変わることなく守られている。

ヒミツ9 食堂の人気メニュー

ナスカ学園の寮と校舎をつなぐ場所に位置する食堂「龍馬」。ランチメニューでは、生徒たちに人気のハンバーグやオムライスなど、洋食系のセットメニューが充実。

公式サイト「UFO学園の秘密」

http://hspicturesstudio.jp/laws-of-universe-0/

映画「UFO学園の秘密」公開に向けて、
映画に関するさまざまなコンテンツや最新情報を
インターネット上で随時配信中。

MOVIE ムービー……「UFO学園の秘密」の最新映像、挿入歌「LOST LOVE」を紹介(随時更新)。

THEATER 劇場情報……「UFO学園の秘密」全国の上映館名を地区ごとに紹介。

NEWS ニュース……「UFO学園の秘密」、「WANTED! 宇宙人!!」など
さまざまな情報を新着順に紹介。

ARTICLES サイト記事……WANTED！宇宙人!!
～日本人だけが知らない!? UFO・宇宙人情報まとめサイト～
映画「UFO学園の秘密」に合わせて展開中の「UFO後進国日本の目を覚まそう！」キャンペーンに関するさまざまな情報を紹介。

UFO目撃情報／最新UFO情報／有名人のUFO体験／四コマ漫画「ノンフィクション」／求む！ 宇宙人情報　WANTED! 宇宙人!!　懸賞　募集要項、UFO・宇宙人情報投稿フォーム　and more…!

主演キャラたちがラジオ出演中！……過去放送分もYouTubeで配信中！

UFO学園の秘密×文化放送「宇宙時代がやってきた！」

文化放送「A&Gエジソン」(毎週土曜夜9時～)内にて、映画「UFO学園の秘密」ミニコーナー放送中！

←初回放送分「タイラ編」
https://youtu.be/NFJT1ElE4zI

STAFF & CAST

製作総指揮・原案／大川隆法

監督／今掛勇

脚本／「UFO学園の秘密」シナリオプロジェクト　音楽／水澤有一
総合プロデューサー／本地川瑞祥　松本弘司
VFXクリエイティブディレクター／粟屋友美子

キャスト／逢坂良太 瀬戸麻沙美 柿原徹也 金元寿子 羽多野渉
銀河万丈 仲野裕 千菅春香 藤原貴弘 白熊寛嗣 二又一成 伊藤美紀 浪川大輔
田丸篤志 増元拓也 三宅麻理恵 斉藤次郎 中博史

キービジュアル・デザイナー／大坪恵子　美術監督／渋谷幸弘　色彩設計／野地弘納
撮影監督／佐藤光洋　CGIディレクター／Scarlett Woo　編集／大畑秀明
アニメーション・プロデューサー／守屋昌治　助監督／大野和寿　演出／布施木和伸 黒瀬大輔 内藤慎仁
総作画監督・キャラクターデザイン／今掛勇　キャラクターデザイン／佐藤陵 須田正己
コンセプトデザイン／よつば まさみ　メカデザイン／森木靖泰 常木志伸
作画監督／しまだ ひであき 佐藤陵 日下兼彰 松元風助McQ
アニメーション制作／HS PICTURES STUDIO

原画／祝浩司 野口木ノ実 田宮衛 梶野靖弘 敷島博英 高瀬和夫 須田正己 ﾌﾞﾚｲﾝｽﾞ・ﾍﾞｰｽ Wish ｽﾀｼﾞｵﾌﾞﾗﾝ
動画・仕上／Wish　Cj　StudioToys　協力／寿門堂 ｴｰｽｶﾝﾊﾟﾆｰ KOEI　TAP
美術／Y.A.P. 石垣プロダクション ATELIER ROKU 07　アートチーム・コンボイ BEAM studio
VFXプロデューサー／西村敬喜　Joseph Jang　高橋洋子　VFX／VISUAL MAGIC　NICE+DAY
撮影／アニモキャラメル T2 studio トライパッド　撮影協力／Mystic Rondo　e-cho　3D-CGI／CLOCK DANCE

録音・ミックス／内田誠　音響効果／森川永子　音響アドバイザー／宇井孝司　協力／ちゅらサウンド
キャスティング／東映東京撮影所　音響制作／東映デジタルセンター　音楽協力／田畑直之　小原宣雄
DI／東映デジタルラボ　DIコーディネーター／泉有紀　協力／東映ラボ・テック　タイトル／道川昭

制作デスク／小山新一　制作進行／松尾圭将 石澤剛之 不動和馬 山本健一郎
設定制作／松岡輝　監督助手／坂東美咲　デジタル制作／CLOCK DANCE
制作協力／ﾆｭｰｽﾀｰ・ﾌﾟﾛﾀﾞｸｼｮﾝ　幸福の科学ｽﾀｰ養成部　ﾍﾚﾝの会　株式会社空間コム　幸福の科学学園那須本校 ｺﾞｰﾙﾃﾞﾝ・ｸﾞﾘﾌｨﾝｽﾞ
取材協力／幸福の科学学園那須本校・関西校　ハッピー・サイエンス・ユニバーシティ

宣伝プロデューサー／大場渉太　宣伝アシスタントプロデューサー／中村陸真
宣伝クリエイティブディレクター／稼農良一　広告制作／霧生企画室 八木和美
宣伝／緒方健英 奥津貴之 平田景近　国際宣伝／ELEVEN ARTS 幸福の科学国際本部
営業統括／永山雅也　営業／日活　東京テアトル　幸福の科学出版　北米配給／ELEVEN ARTS

幸福の科学出版作品　配給／日活　配給協力／東京テアトル

全国上映館

千葉	成田HUMAXシネマズ
千葉	USシネマ千葉ニュータウン
千葉	旭サンモールシネマ
千葉	USシネマ木更津
埼玉	ユナイテッド・シネマ浦和
埼玉	新所沢レッツシネパーク
埼玉	ユナイテッド・シネマ春日部
埼玉	ユナイテッド・シネマ入間
埼玉	シネプレックス新座
埼玉	シネプレックス幸手
埼玉	シネプレックスわかば
埼玉	ユナイテッド・シネマ ウニクス南古谷
埼玉	ユナイテッド・シネマ ウニクス上里
埼玉	109シネマズ菖蒲
茨城	シネプレックス水戸
茨城	シネマサンシャイン土浦
茨城	シネプレックスつくば
茨城	シネマックスつくば
茨城	シネマックスパルナ稲敷
栃木	宇都宮ヒカリ座
栃木	109シネマズ佐野
栃木	小山シネマロブレ
栃木	フォーラム那須塩原
群馬	ユナイテッド・シネマ前橋
群馬	109シネマズ高崎
群馬	プレビ劇場ISESAKI
山梨	シアターセントラルBe館
山梨	テアトル石和
新潟	ユナイテッド・シネマ新潟
新潟	J-MAX シアター
新潟	十日町シネマパラダイス
長野	長野ロキシー
長野	長野千石劇場
長野	シネマポイント（セカンドラン）
長野	松本シネマライツ
長野	岡谷スカラ座
長野	茅野新星劇場
長野	飯田センゲキシネマズ
長野	伊那旭座
長野	佐久アムシネマ
長野	アイシティシネマ

中部・北陸地区

静岡	静岡東宝会館
静岡	シネシティザート
静岡	浜松CINEMA e_ra
静岡	シネマサンシャイン沼津

北海道地区

札幌	ユナイテッド・シネマ札幌
札幌	ディノスシネマズ札幌劇場
旭川	シネプレックス旭川
旭川	ディノスシネマズ旭川
室蘭	ディノスシネマズ室蘭
苫小牧	ディノスシネマズ苫小牧

東北地区

青森	シネマディクト
青森	青森コロナシネマワールド
青森	フォーラム八戸
青森	シネマヴィレッジ8・イオン柏
岩手	盛岡ピカデリー
岩手	みやこシネマリーン
宮城	シネマ・リオーネ古川
宮城	109シネマズ富谷
秋田	ルミエール秋田
山形	MOVIE ON やまがた
山形	ソラリス
山形	鶴岡まちなかキネマ
山形	フォーラム東根
福島	フォーラム福島

関東・甲信越地区

東京	品川プリンスシネマ
東京	シネマート新宿
東京	キネカ大森
東京	ヒューマントラストシネマ渋谷
東京	シネマサンシャイン池袋
東京	ユナイテッド・シネマとしまえん
東京	ユナイテッド・シネマ豊洲
東京	109シネマズ木場
東京	シネマサンシャイン平和島
東京	蒲田宝塚
東京	ニュー八王子シネマ
東京	立川シネマシティ
東京	109シネマズグランベリーモール
神奈川	ムービル
神奈川	109シネマズ港北
神奈川	横浜ニューテアトル
神奈川	109シネマズ川崎
神奈川	横須賀HUMAXシネマズ
神奈川	シネプレックス平塚
神奈川	小田原コロナシネマワールド
千葉	シネプレックス幕張
千葉	シネマックスちはら台

和歌山	ジストシネマ南紀
奈良	シネマサンシャイン大和郡山

中国・四国地区

岡山	岡山メルパ
広島	109シネマズ広島
広島	呉ポポロ
広島	福山駅前シネマモード
広島	福山エーガル8シネマズ
広島	福山コロナシネマワールド
鳥取	倉吉パープルタウン シネマエポック
山口	シネマサンシャイン下関
山口	シネマスクエア7
山口	萩ツインシネマ
徳島	シネマサンシャイン北島
香川	ホールソレイユ2
愛媛	シネマサンシャイン衣山
愛媛	アイシネマ今治
愛媛	シネマサンシャイン大洲
愛媛	シネマサンシャインエミフルMASAKI
高知	高知あたご劇場

九州・沖縄地区

福岡	ユナイテッド・シネマ キャナルシティ13
福岡	福岡中洲大洋
福岡	ユナイテッド・シネマ福岡
福岡	シネプレックス小倉
福岡	小倉コロナシネマワールド
福岡	ユナイテッド・シネマなかま16
福岡	ユナイテッド・シネマ トリアス久山
佐賀	109シネマズ佐賀
長崎	ユナイテッド・シネマ長崎
長崎	佐世保シネマボックス太陽
熊本	Denkikan
熊本	シネプレックス熊本
熊本	本渡第一映劇
大分	大分シネマ5
大分	別府ブルーバード劇場
大分	日田シネマテーク・リベルテ
宮崎	宮崎キネマ館
宮崎	都城シネポート
宮崎	延岡シネマ
鹿児島	天文館シネマパラダイス
鹿児島	ブックス十番館シネマパニック
沖縄	桜坂劇場
沖縄	シネマパニック宮古島

静岡	藤枝シネ・プレーゴシアター
静岡	シネプラザサントムーンシネマ
愛知	中川コロナシネマワールド
愛知	109シネマズ名古屋
愛知	名古屋ピカデリー
愛知	ユナイテッド・シネマ豊橋18
愛知	シネプレックス岡崎
愛知	半田コロナシネマワールド
愛知	春日井コロナシネマワールド
愛知	豊川コロナシネマワールド
愛知	トヨタグランド
愛知	安城コロナシネマワールド
愛知	小牧コロナシネマワールド
愛知	ミッドランドシネマ名古屋空港
愛知	ユナイテッド・シネマ稲沢
愛知	ユナイテッド・シネマ阿久比
岐阜	シネックス
岐阜	大垣コロナシネマワールド
岐阜	関シネックス マーゴ
三重	109シネマズ四日市
三重	109シネマズ明和
三重	ジストシネマ伊賀上野
富山	富山シアター大都会
石川	ユナイテッド・シネマ金沢
石川	金沢コロナシネマワールド
石川	シネマサンシャインかほく
福井	福井シネマ
福井	福井コロナシネマワールド

関西地区

大阪	シネ・リーブル梅田
大阪	シネマート心斎橋
大阪	あべのアポロシネマ
大阪	ユナイテッド・シネマ岸和田
大阪	シネプレックス枚方
大阪	109シネマズ箕面
大阪	布施ラインシネマ
兵庫	シネ・リーブル神戸
兵庫	109シネマズHAT神戸
兵庫	姫路・大劇シネマ
兵庫	塚口サンサン劇場
兵庫	プラット赤穂シネマ
滋賀	ユナイテッド・シネマ大津
滋賀	彦根ビバシティシネマ
和歌山	ジストシネマ和歌山
和歌山	ジストシネマ御坊
和歌山	ジストシネマ田辺

※ 本情報は8月10日時点の情報です。最新情報は公式サイトをご確認ください。

参考文献

大川隆法著『ダークサイド・ムーンの遠隔透視』（幸福の科学出版刊）

大川隆法著『ネバダ州米軍基地「エリア51」の遠隔透視』（同上）

大川隆法著『中国「秘密軍事基地」の遠隔透視』（同上）

大川隆法著『ＴＨＥ　ＦＡＣＴ異次元ファイル』（同上）

大川隆法著『宇宙人リーディング』（同上）

大川隆法著『宇宙連合の指導者インカール』（幸福の科学刊）

大川隆法監修『特別版　宇宙人リーディング―多様なる宇宙人編―』（同上）

HSエディターズ・グループ

幸福の科学出版第五編集局のエディターを中心に構成。日本の未来を拓き、世界のリーダーとなる人材の育成を目的として、真の教養を積み、人格を形成するための指針となる書籍の出版を目指す。本書のほか『伝道師』『偉人たちの告白』『逆境をはねかえす不屈の生き方』等も手がける。

宇宙時代がやってきた！

— UFO情報最新ファイル —

2015年9月3日　初版第1刷

編　者　HSエディターズ・グループ
発行者　本地川 瑞祥
発行所　幸福の科学出版株式会社
〒107-0052　東京都港区赤坂2丁目10番14号
TEL（03）5573-7700
http://www.irhpress.co.jp/

印刷・製本　株式会社 堀内印刷所

落丁・乱丁本はおとりかえいたします

ISBN978-4-86395-699-5 C0014

写真：©hosiya-Fotolia.com、©Tr3-Fotolia.com、©nj_musik-Fotolia.com、©Pr3t3nd3r-Fotolia.com、©sdecoret-Fotolia.com、©siro46-Fotolia.com、©kaalimies-Fotolia.com、©leiana-Fotolia.com、©hanabunta-Fotolia.com、©moonrise-Fotolia.com、©miiko-Fotolia.com、©J BOY-Fotolia.com
©suns07butterfly-Fotolia.com

大川隆法ベストセラーズ・宇宙時代の扉を開く

「宇宙の法」入門

宇宙人とＵＦＯの真実

1,200円

あの世で宇宙に関わる仕事をする霊人たちが語る、驚愕の真実。宇宙人の真実の姿、そして、宇宙から見た「地球の使命」が明かされる。

不滅の法

宇宙時代への目覚め

2,000円

「霊界」「奇跡」「宇宙人」――地球の未来を切り拓くために、物質文明が封じ込めてきた不滅の真実が、今、解き放たれる。

地球を守る「宇宙連合」とは何か

宇宙の正義と新時代へのシグナル

1,300円

プレアデス星人、ベガ星人、アンドロメダ銀河の総司令官が、宇宙の正義を守る「宇宙連合」の存在と壮大な宇宙の秘密を明かす。

宇宙人との対話

地球で生きる宇宙人の告白

1,500円

プレアデス、ウンモ、マゼラン星雲ゼータ星、ベガ、金星、ケンタウルス座α星の各星人との対話記録。彼らの地球飛来の目的とは？

幸福の科学出版

※表示価格は本体価格（税別）です。